好想法 相信知識的力量
the power of knowledge

寶鼎出版

好想法 相信知識的力量
the power of knowledge

寶鼎出版

圖解3000年

經典戰略

３０００年の叡智を学べる戦略図鑑

鈴木博毅
Hiroki Suzuki

たきれい（Taki Rei）──繪　李其融──譯

戰略，已經變成現代人「用得著

自古代受用至當今 21 世紀的「戰略」究竟是什麼？

　　有些事情雖然能隱約知道，卻無法準確地說明。而「戰略」一詞的意義及定義，大概就是最經典的例子吧。只要透過網路搜尋，就能找到多如繁星的戰略相關資訊，對商務人士而言，戰略這個詞彙就如同聽到耳朵長繭的頻繁出現的關鍵詞。

　　在戰略帶給我們的印象之中，最單純的定義就是「某種成功法則」吧。但是，筆者則是在拙作《「超」入門──失敗的本質》之中，做出「戰略即是迎頭追上的指標」的定義。這是因為這種方式更容易理解，便於應用。

　　試想你正要參加賽車。為了獲勝而能擬定的作戰不勝枚舉，此時若是你的隊伍追求「引擎的馬力」，就是選擇「大馬力戰略」；若是

的素養」了。

追求「車體輕量化」，就是選擇「輕量化戰略」；若是追求「駕駛者技術」，就是選擇「駕駛本領戰略」。

此處的重點，在於「迎頭追上」。

我們會下意識地選擇特定的戰略，但也能夠在中途改變「追逐的指標」。若是得知光是搭載大馬力的引擎無法獲勝，為了在競賽之中勝出，就還需要追求「別的指標」。

「有競爭的戰略」與「沒競爭的戰略」

在戰略之中，有著接續「競爭」一詞的「競爭戰略」這項分類。這是因為當競爭對手存在時，若是無法立於比對手更優越的位置，

有時就無法獲得利益。典型的例子有爭奪名次的競速、獲得的獎金會依成績不同而有所差異的比賽、在特定市場之中角逐利益的商業行為等等。

那麼，有所謂的「沒競爭的戰略」嗎？是的，它當然存在。舉例來說，進行健康管理或做好安全駕駛的心理建設等目標並沒有「競爭」。在這個情況之中，「追逐的指標」幾乎都能夠為追逐它的所有人帶來某種好處。就算沒有立於較他人更有利的位置，只要追逐某項指標並藉此讓全員獲得利益，這便能稱作「沒有競爭而有效的戰略」。

但是，通常這樣的戰略，大多都是就算實行了也難以獲得龐大利益。沒有競爭狀態的戰略，無法滿足人類與生俱來的「想比他人更優越」這種心情。當對手存在時，狀況會無時無刻地產生改變，但當沒有競爭對手時，目標幾乎不會有所變化，因此能得到的利益變異幅度也會很小。

只要「有競爭」，一定就會讓對手嚐到苦頭嗎？

與「沒競爭的戰略」不同，「戰爭戰略」稱得上是典型的「競爭戰略」。這是因為，競爭對手是必定存在的。勝者將獲得龐大利益，敗者則必須承受巨大損失。本書主要會在第一章與第八章講解「戰爭戰略」，在第二章講解「競爭戰略」。

那麼，我們一定得和對手全面開戰，立於比對手更優越的位置，否則就無法獲得「勝利」嗎？並沒有這種事。也有些戰略並非透過「與他人戰鬥」，而是透過「與他人協調」來獲得勝利。這就是「協調戰略」。這主要會在第三章的「避開競爭的競爭戰略」之中進行介紹。不覺得，不僅能造福自己與自己所屬的組織，還能為對手帶來好處是一件非常美妙的事嗎？或許這就是戰略被稱作「人類的智慧」的緣由也說不定。

培養凝聚「人類 3000 年的智慧」的「戰略思考」能力

只要開始閱讀本書就能理解，戰略是透過人類歷史愈發茁壯的偉大存在。從古代戰爭到中世的政治鬥爭、現代則是商業競爭等等……在有勝者與敗者的地方，總是存在著「戰略」。

戰略的歷史，同時也是人類的歷史。本書也會介紹誕生於西元前的戰略。你或許會認為「學習這種塵封已久的古老戰略有意義嗎？」但是古典戰略其實也代表更根本的指標。而且，正因為有古老偉大的戰略，才能透過長年積累孕育出現代（最尖端）的戰略，也是不爭的事實。

透過學習戰略的演進，還能俯瞰人類的智慧、窺見人類智慧的積累。若要習得最新的戰略，也能透過學習最古老的智慧來對其得到

更深入的理解吧。

不僅如此，學習戰略不單能夠學習人類的歷史，還有能讓現代人培養出「戰略思考」的優點。

將「戰略」與「迎頭追上的指標」化為等號，就等同於清楚地洞悉未來，因此自然就能培養出「描繪將來」的習慣。而且，戰略就是為了想出、創造出更佳狀況「解決方法」的思考工具，所以當你在人生中碰上困境時，「戰略思考」應會為你帶來極大的助力吧。如此一來大概就不會被未知的不安擺布，如「戰略」字面上的意思，「有戰略地」生活下去。

在勝者全拿的 21 世紀之中，愈是理解戰略的人將會愈豐裕

進入21世紀，科技更加進展，我們的生活也持續變化。稱作GAFA的全球企業的登場，彷彿就象徵著讓世界姿態搖身一變的企業戰略將陸續誕生的新時代降臨。而且，能成為贏家的人都理解這些戰略，藉此獲得巨大的力量。

全新的戰略都是必須等到它能夠被分析、說明，才會被統整為書籍。就這層意義而言，實際開始發揮作用的嶄新戰略，是尚未受到定義，卻已在社會之中發揮巨大力量的不可思議存在。第六與第七章要探討的，就是這些最新商業戰略。

本書包括已在商業領域發揮巨大力量的最新戰略，乃至長年傳承以來的古老戰略智慧，是讓讀者初步掌握粗略「概觀」的書籍。

第一章介紹的「孫子兵法」編輯成冊，據說是在西元前500年左右的事。但是，它也不是突然憑空出現，將它想為經年累月的累積才誕生於世的結晶才比較合理。為了向留下無數智慧的眾多前人致上敬意，日版原文書的副標題也定為「學習3000年的智慧」。

無論是求職的大學生，還是希望得到創新構想的現任商務人員，甚至是希望找尋能夠打造出不留下悔恨的人生規劃智慧的讀者，都能在本書找到派得上用場的眾多戰略知識。

事不宜遲，趕緊一頭栽進這個用戰略體現現代素養的新世界吧！

2019年12月　鈴木博毅

第 **1** 章

古代、中世紀、近代的戰爭戰略

第 **3** 章

避開競爭的競爭戰略

第 **4** 章

產業結構的戰略

第 **5** 章

實踐的戰略

第**6**章

創新的戰略

從古代至近代的戰略史MAP

═══ 古代 ═══

古代軍隊的戰鬥力學

○ 孫子

> 凡有戰鬥，必產生戰略。只要運用智慧，就連弱者也能取勝！

○ 亞歷山大大帝

○ 凱撒

> 掌握機會的人，才能成為贏家！

統御、紀律、操控組織的威力

○ 韓非子

═══ 中世紀 ═══

○ 維蓋提烏斯
《兵法簡述》（*De Re Militavi*）

○ 馬基維利
《君主論》（*The Prince*）

> 擁有「正確的目標」以及能因應狀況的靈活性，就是優秀君主！

活用機動力與熱兵器

○ 成吉思汗

○ 拿破崙

○ 克勞塞維茨

◆自拿破崙的時代以來，戰略論增加的理由◆

自古代至中世紀期間，知名的戰略理論就是羅馬帝國史學家維蓋提烏斯的《兵法簡述》。而從這個時代以來至拿破崙時代為止，之所以沒有著名戰略論問世，大半原因可以歸咎於軍事技術的革新停滯。

近代

技術發展與戰略的形成

- 美國南北戰爭
- 蘭徹斯特法則

生產方式的革新

- 豐田生產方式

競爭、資源之間的優勢論爭

- 麥可‧波特（定位戰略）
- 傑恩‧巴尼
  （經營資源戰略）

古典商業戰略的革新

- 基業長青
- 藍海策略
- 明茲伯格策略管理

從理論走向實踐的經營策略

- 經營即「執行」
- 彼得‧杜拉克

透過網際網路技術發展出的近未來戰略

- 傑佛瑞‧貝佐斯
- 區塊鏈革命

與組織的革新、創業家精神相關的戰略

- 青色組織
- 從0到1

> 由於資訊科技，「強者」定義已和以往不同！

拿破崙之所以能展露頭角，不單是師法砲術，其中大砲製造技術的發達、搬運性的提升，讓他們能將大砲運至山頂，也占了大半原因。當技術上的發展讓過去辦不到的事化為可能時，就會造就全新戰略的誕生。

本書的閱讀方式及使用方法

本書依照時代與類別進行分類，介紹38個戰略家、戰略書籍與戰略論。此處刻意不將標題統一為「人」或「書名」，而是盡可能用耳熟能詳的關鍵詞組成。歡迎讀者從喜歡的篇章開始閱讀。

「**這**個戰略的Point」之中，會粗略將戰略統整出三項重點。此處將擷取戰略書籍的文章，或是戰略家留下的話。關於這三項重點，將會在之後的頁面詳細解說。

所有舉出的戰略書籍，會刊載於書末的「參考・引用文獻一覽」。希望瞭解更詳細內容、對此抱有興趣的讀者，都務必挑戰閱讀。

Strategy

第 **1** 章

古代、中世紀、近代
的
戰爭戰略

「只要有人與人的戰鬥，就會產生戰略。」
自古以來，當人類或國家試圖立於優勢時，
就會造就出「戰略」。
讓我們來觀看從古代至近代
所實踐的「智慧」吧。

Strategy

1

只要夠靈活，處處都能發現勝機！

孫子兵法
The Art of War

> 百戰百勝
> 並不是
> 上乘之策！

構想者

據說西元前500年前後，位於中國的吳國將軍孫武，就是兵法書《孫子兵法》的作者。吳國在孫武巧妙的指揮下，面對對手楚國取得戲劇性的勝利。

形成經過

作者孫武研究古代中國的戰爭，並受任用自己的吳國宰相伍子胥之命，構想出擊敗大國宿敵楚國的計策。他想出逐漸削減敵方勢力，朝敵方沒有防範之處攻擊的方法。

內容

《孫子兵法》一書是由13個篇章所構成的戰略書。它雖是用字簡潔的古籍，卻包含深遠的思想，就連在21世紀的現代，仍受軍事組織所研究。

我們
也是粉絲

拿破崙·波拿巴

微軟創辦人
比爾·蓋茲

軟銀創辦人
孫正義

煩惱

我軍未必永遠多於敵軍，陷入不利的場面挺多的……

解答

別被「兵力多寡」或「規模」等單一面向矇蔽雙眼！
若是執著於單一面向，就會失去勝利的可能性！

這個戰略的Point

① **避開敵方的強項來戰鬥**

「故形人而我無形，則我專而敵分。（中略）敵雖眾，可使無鬥。」

② **不戰而勝才是上策**

「是故百戰百勝，非善之善也；不戰而屈人之兵，善之善者也。」

③ **獲勝需要的不只是武力而已**

「故善用兵者，屈人之兵而非戰也，拔人之城而非攻也，毀人之國而非久也，必以全爭於天下。」

戰鬥時迴避敵方強項

迴避對手的強項或長處，
在對手預想不到的地方一決勝負。

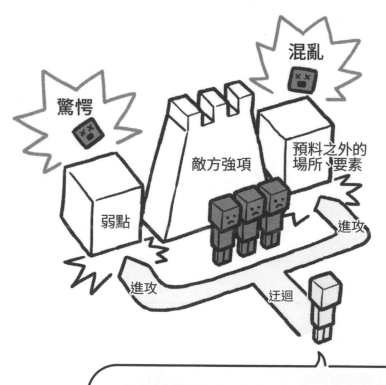

混亂

驚愕

敵方強項

預料之外的
場所、要素

弱點

進攻

進攻

迂迴

我可是知道不該在對方強項上一決勝負喔

實踐

幾乎所有的行動都存在著競爭對手。避開對手的強項，
朝任何人都無法預料的地方進攻，便能輕易取勝。

不戰而勝才是上乘之策

正面戰鬥會使我方也陷入疲弊。
選擇不戰也能令對手屈服的方式。

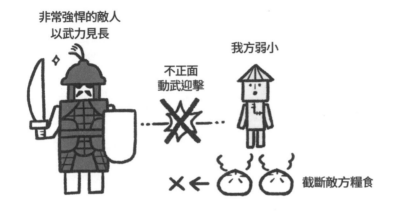

非常強悍的敵人
以武力見長

我方弱小

不正面
動武迎擊

截斷敵方糧食

認輸了！

勝利！

若是不戰就能搞定，
就不需消耗我方戰力，
可說是最佳的致勝方式

敵方沒有糧食無法應戰

比起直接碰撞，不如奪走對方攻擊時必備的基本條件。
試著採取黑白棋中的「占角」*策略吧。

實踐

＊占角，圍棋用語，指布局時把旗子下在棋盤任一角。

獲勝需要的
不只是武力而已

目的應是「勝利」，而非「戰鬥」。
全方位活用「談判力」與「政治力」吧。

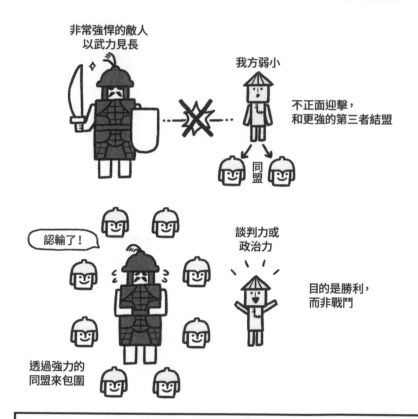

非常強悍的敵人
以武力見長

我方弱小

不正面迎擊，
和更強的第三者結盟

同盟

認輸了！

談判力或
政治力

目的是勝利，
而非戰鬥

透過強力的
同盟來包圍

若是缺乏武力，只要借用他人的力量即可！

實踐

沒有任何規則規定必須一對一戰鬥。
既然如此，只要利用同盟國或組織的力量，輾壓對手即
可。

「避開對手強項，
在不同地方決勝」的事例

雖是法式料理，卻能透過立食的形式，
用低價實現一流主廚與食材。

一般法式套餐

打造出能長時間停留的氣氛。
食物的成本率約是30%。

我的法式餐廳

用站著吃的形式提升翻桌率，
使用豪華的食材（成本率60%）。

※現以自由入座的形式擴大營業。

後發企業若運用一模一樣的武器戰鬥，敗北也是理所當
然。應該仿照上述例子，用「CP值的優勢」等截然不同
的武器來戰鬥。

實踐

眾人愛戴的偶像！孫武

朝出乎意料之處進攻，
讓對手陷入混亂，藉以立於優勢

漢尼拔‧巴卡

構想者

被稱作「戰略之父」的漢尼拔‧巴卡出生於西元前247年。他是在地中海掌握霸權的迦太基將軍。巴卡有「雷光」之意。

內容

迦太基與羅馬的戰爭是「第二次布匿戰爭」（Second Punic War）。漢尼拔的軍力（迦太基軍）在出發時約為9萬人，抵達義大利時剩下一半。相對地，羅馬軍團雖然總數超過30萬人，漢尼拔卻在戰爭初期屢戰屢勝，震撼羅馬。他透過奇襲出乎對手意料，試圖利用戲劇性的勝利瓦解羅馬同盟。

若是
找不出道路，
就由自己來開闢！

形成經過

自義大利半島壯大勢力的羅馬及迦太基，在那時競相角逐霸權。在軍人父親的那一代的戰爭之中，迦太基因為戰敗而失去制海權。為了收復失土與消滅羅馬，漢尼拔從現在的西班牙經由陸路入侵義大利半島，和處於優勢的羅馬軍團展開對決。

煩惱

面對具壓倒性優勢的敵軍，
希望能逆轉取勝⋯⋯

解答

發動奇襲，趁亂擊潰敵方。緊接著，
　　透過策反各個地域，瓦解對手的勢力根基！

這個戰略的Point

①「敵人的敵人就是朋友」是亙古的基本戰略

宣告「敵人是羅馬」，透過拱出羅馬這個共同敵人，漢尼拔成功地讓包含高盧人在內的數個部落和國家與我方結盟。

② 出乎「對手意料」，逆轉情勢

多虧從羅馬軍團完全沒料想到的地域（北義大利）以5萬兵力及37頭戰象入侵，他讓敵軍陷入混亂，在尚未備妥的狀態下開戰，獲得戲劇性勝利。

③ 若是仰賴他人的要素增加了，計畫就容易潰敗

他「期待」奇襲取得的勝利能使羅馬喪失戰意，並透過連勝讓被羅馬支配的諸國反抗羅馬，成為迦太基的同伴。但是這些並非是漢尼拔能憑一己之力決定的事，其勝利條件必須依靠太多自己無法控制的要素。

「敵人的敵人就是朋友」是亙古的基本戰略

向周邊民族或羅馬從屬國宣告「敵人是羅馬」，透過產生共同敵人使戰況轉為有利。

龐大的羅馬

透過武力壓迫

支配與徵稅

高盧人等周邊民族

敵對

被羅馬支配的從屬國

不滿

朋友

同盟

共同的敵人是羅馬！

這是從羅馬的支配下獨立的大好機會！

善用「敵人的敵人就是朋友」的結構，
補強我軍。

實踐

敵人的敵人容易拉攏，是從古至今都不變的真理。漢尼拔遵循這項真理，巧妙地和龐大的羅馬帝國作戰。

出乎「對手意料」，
逆轉情勢

透過出乎敵方意料的攻擊
造成讓對手陷入混亂的效果。

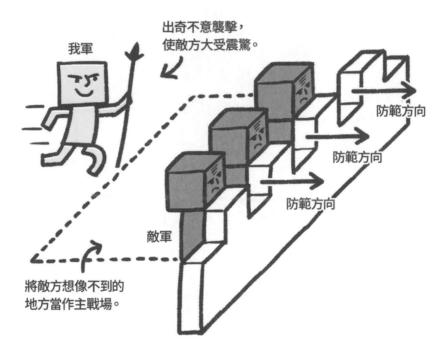

出奇不意襲擊，
使敵方大受震驚。

我軍

防範方向

防範方向

防範方向

敵軍

將敵方想像不到的
地方當作主戰場。

透過奪取敵方的冷靜，嘗試讓形勢逆轉。

實踐 率領戰象越過阿爾卑斯山，驚動羅馬軍團，引發混亂。在
對手意料之外的地方戰鬥，便能邁向勝利。

若是仰賴他人的要素增加了，計畫就容易潰敗

愈是依賴自己無法控制的事情，
該計畫失敗的可能性就會變高。

敗北情境1 　依賴對方的狀態或意志

被羅馬支配
的諸國

希望你跳出
羅馬同盟，
與我方結盟

漢尼拔

希望你
放棄戰鬥

羅馬

...

...

是否要成為漢尼拔盟友，
是由各國所決定，無法強制。

只要擁有糧食、武器、資金，
是否要戰鬥皆取決於自己。

敗北情境2 　被逼至無法繼續戰鬥的狀況

沒有武器、石油跟糧食！
認輸了！

白旗

若是島國的石油、糧食、
武器或原料仰賴進口，
只要封鎖海域
即能強制終止戰鬥

制定計畫時應不受對手控制，且我方應握有主導權。

漢尼拔最大的敗因，是他計畫仰賴於本身無法控制的要素。這相當於一件商品的購買與否，取決於顧客的決定。

實踐

Strategy

3

徹底聚焦於「機會」，
無時無刻都要發揮超越知識的實踐力

尤利烏斯·凱撒
Julius Cæsar

> 徹底聚焦於
> 「機會」吧！

構想者

尤利烏斯·凱撒出生於西元前100年，是羅馬共和國的政治家、軍人。他透過和高盧人的戰役一躍成為英雄，參與埃及的政治鬥爭並扶持克麗奧佩脫拉（Kleopátra）成為女王。打倒政敵龐培（Gnaeus Pompeius Magnus）成為獨裁官，於西元前44年遭布魯圖斯（Marcus Junius Brutus）暗殺。

形成經過

出生時代正處於羅馬共和政體的制度動搖之際。除了需在政敵環伺的情形下生存，還必須面對高盧人等周邊部族對羅馬的威脅，處境艱難。

內容

若將凱撒的生涯分為三階段，即是「年輕時期的行政官時代」、「以三巨頭政治家身分活躍於世、討伐高盧人的時代」，最後則是「透過內戰席捲羅馬，殲滅敵對勢力，並成為終身獨裁官的時代」。

拿破崙·波拿巴

我們
也是粉絲

煩惱

若要突破政治的艱難局面，
在所有戰爭之中皆能勝出，需要有什麼資質呢？

解答

除了高度的知識及思考力、打動他人的聲望以外，更需要比任何人都果敢行動，掌握勝機！

這個戰略的Point

① 留意更多機會並加以利用的人，將是贏家

「成功不在於戰鬥本身，而在於如何高明地掌握機會。」

②「行動」永遠凌駕於「知識」之上

「儘管他非常聰明、受過高等教育，卻仍屬於行動派，正因如此才令人難忘。」

③ 光憑一項專門領域無法獲勝

雖然同一時代還有蘇拉（Sulla，軍人）、西塞羅（Cicero，雄辯家）、龐培（Pompeius，政治家）等多樣人才，卻沒有像凱撒這種在數個領域中有傑出表現的人。由於重大問題與機會皆橫跨多個領域，凱撒總能比單一領域的專家更早取得先機。

能留意更多機會
並加以利用的人將是贏家

比起戰鬥本身，
更重要的是如何高明地掌握機會

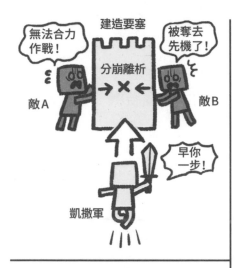

建造要塞

無法合力作戰！

被奪去先機了！

分崩離析
→ ✕ ←

敵A　　　敵B

早你一步！

凱撒軍

[高盧戰爭的高峰]
雖然 10 萬高盧人趕來迎戰 5 萬羅馬軍，但要塞已落成，無法戰勝

這下愛莫能助了！

羅馬軍率先包圍，建造要塞

阿萊西亞城敵方
將領所在地

| 活用機會的實踐法 |

- 第一時間抵達將成為戰場之地，占據優勢。
- 確保從現在起絕對不可或缺的物資。
- 搶先在接下來的必經之地建造穩固的要塞。

要塞固若金湯，無法救出將領！

高盧人　　　　高盧人

實踐

只要掌握機會，就能讓之後的戰況變得極為有利。應看清最終演變的局面，占領有利的位置。

「行動」永遠
凌駕於「知識」之上

凱撒的智力很高，
而他的行動力總能凌駕於智力之上。

普通人	凱撒
想太多而動彈不得	不僅具備思考能力 也有行動力

壓下

知識　思考力

行動力

愈是思考，擁有愈多資訊
及知識，愈是舉步維艱。

要拚了！

行動力

知識　思考力

舉起

有些人增加知識、資訊或思考力，行動反而變得遲緩。凱撒出類拔萃的行動力總能凌駕於知識及思考之上，是難得的實踐家。

實踐

光憑一項專門領域
無法獲勝

凱撒致力於橫跨不同領域提升能力。

攻擊!!

凱撒

軍人、雄辯家、政治家

致力於橫跨三種重要領域的能力。
憑藉決策力及行動力技壓敵人與對手。

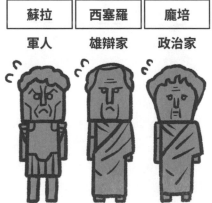

蘇拉	西塞羅	龐培
軍人	雄辯家	政治家

各領域的專家
在他們專攻領域之外的
能力非常不足

實踐 由於專家只以一項領域見長,因此不擅長處理跨領域的問題。凱撒提升了跨領域的能力,贏過只有一項專業的專家。

Column

天才凱撒華麗麗的煩惱

代表羅馬的英雄凱撒。

是被稱作「羅馬的智慧」的能人。

但是凱撒其實有個煩惱……

同伴總調侃他的稀疏頭髮。

英雄凱旋囉!!

"禿頭"

嘰嘰喳喳

大家把老婆藏起來～!

以調戲女子聞名

羅馬的智慧於是想出一計……

帽子……不行,不透氣……

唔—

頭髮稀疏也不顯眼!

於是「疏髮的戰略」就此誕生!

凱撒頭!!

嗯～真有型!

這就是現代仍看得到的髮型由來。

Strategy

4

將自身經歷化成養分，運用靈活手腕造成莫大威脅

成吉思汗

Genghis Khan

> 超越血親與部族的
> 「鐵之團結」
> 便是勝利的祕訣！

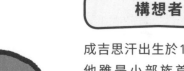

構想者

成吉思汗出生於1162年。他雖是小部族首長的兒子，幼年卻相當坎坷。他統一遊牧民族蒙古人，其版圖更是橫跨中亞及東歐，打造出約是古羅馬兩倍大的龐大帝國。

形成經過

成吉思汗從幼年到青春期在遊牧部族的鬥爭之中遭受背叛，咬牙忍過屈辱般的境遇。也因此，他打造出具有鐵腕紀律的軍團，在戰鬥中將馬上民族（蒙古族）的強項發揮到極致。

內容

《競爭論》由五篇內容所組成。其內容為〈競爭與策略：核心觀念〉、〈地點的競爭力〉、〈以競爭力的方式來解決社會問題〉、〈策略、慈善與社會責任〉以及〈策略與領導力〉。

煩惱

有辦法整合眾多部族割據的地區，
建立一個強大的國家嗎？

解答

設立超越部族、宣誓忠誠的「鐵的紀律」，廣納周
邊知識、技術與優秀人才，並抱持收放自如的
彈性！

這個戰略的Point

①用超越「血緣」的「鐵之團結」增加夥伴

「無論天降霹雨或長槍，約定仍須嚴守。」

②「學習」敵方的一切，化為自身的「強大」

「制定蒙古文字、向中國人學習攻城技術、活用西域的資訊網。」、「蒙古的榮景並
非單憑優異的軍事力，更是取決於『活用科技』的成果。」

③讓敵人深陷恐怖深淵，不戰先勝

「布哈拉的城中不僅充滿避難的難民，更是被恐懼所壟罩。蒙古軍團會重擊敵營的
痛處，藉此在轉眼間就讓整個花剌子模王朝上下陷入混亂及恐懼的漩渦。」

用超越「血緣」的「鐵之團結」增加夥伴

讓視背叛為家常便飯的遊牧民族
遵守「鐵之團結」所做的努力。

在重視血緣的民族社會背景下，
接連重用有才幹的外人。

約定絕對遵守，
叛徒必遭報復！

制定法律
和文字

成吉思汗

對服從者
的寬容

公平的褒賞

打造出擁有
超越血緣的
鐵之團結力的團隊

絕對會
報復叛徒

實踐

在分裂及背叛是常態的社會中，打造出超越血緣關係的鐵
之軍團。傑出團隊的組成方法本身，就是強大的武器。

這個戰略的
POINT 2

「學習」敵方的一切，變成自身的「強悍」

用過人的學習力打造遊牧民族的龐大帝國。

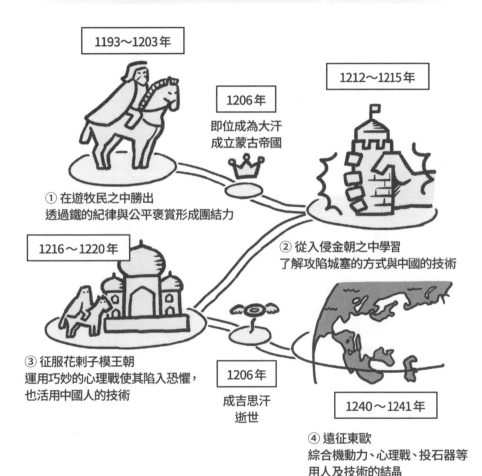

1193～1203 年

1206 年
即位成為大汗
成立蒙古帝國

1212～1215 年

① 在遊牧民之中勝出
透過鐵的紀律與公平褒賞形成團結力

1216～1220 年

② 從入侵金朝之中學習
了解攻陷城塞的方式與中國的技術

③ 征服花剌子模王朝
運用巧妙的心理戰使其陷入恐懼，
也活用中國人的技術

1206 年
成吉思汗
逝世

1240～1241 年

④ 遠征東歐
綜合機動力、心理戰、投石器等
用人及技術的結晶

實踐

每次戰鬥都從敵人身上學習，極度的謙遜能夠造就偉大的勝利。成吉思汗有向任何人學習的自知。

讓敵人深陷恐怖深淵，
不戰先勝

用滴水不漏的心理戰令人未戰先怯，
喪失戰意。

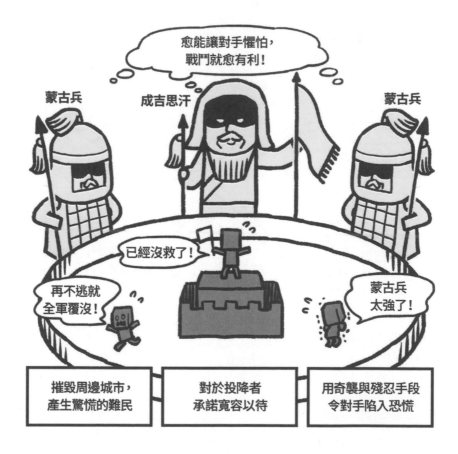

愈能讓對手懼怕，
戰鬥就愈有利！

蒙古兵　　　成吉思汗　　　　　　　　蒙古兵

已經沒救了！

再不逃就
全軍覆沒！

蒙古兵
太強了！

摧毀周邊城市， 產生驚慌的難民	對於投降者 承諾寬容以待	用奇襲與殘忍手段 令對手陷入恐慌

實踐　　蒙古軍喜歡在實際戰鬥開始前運用心理戰。他們這種戰
法，發揮了讓敵人未戰先怯而投降等效果。

Column

阿汗與小德是酒友

Strategy

5

訂立「正確目標」，打動他人

尼可洛・馬基維利
Niccolo Machiavelli

> 領導者應不遭人怨恨且令人感到畏懼！

構想者

尼可洛・馬基維利是出生於1469年的政治思想家。他被義大利的佛羅倫斯共和國拔擢為第二國務廳祕書，以外交官之姿活躍。

形成經過

馬基維利在祖國佛羅倫斯被外國占領時，遭流放而引退。其後撰寫《君主論》。他強調冷酷是讓小國團結的必備要素，領導者若缺乏智慧及支配力就無法維持國家。

內容

《君主論》是全26章的著作。他分析自古代以來的君主國，論述君主的行動及思想會造就什麼結果，並進一步點出握有權力的君主應做出的選擇。即便在現代，該書仍廣受全球政治家等人喜愛。

我們
也是粉絲

奉信企業董事會主席、代表董事
鈴木喬

前任微軟
日本法人社長
成毛真

前任英格蘭
銀行總裁
默文・金

煩惱

團體中每個人的想法與性格都各不相同。
要怎麼做，才能讓大家專注並團結於同一目標，
使領導者的地位安穩無虞呢⋯⋯？

解答

為了保護團隊，要訂下非得遵守的目標來支配眾
人！別執著於自己的手段或想法，而是應變化自
如！

這個戰略的Point

① 設定正確的目標能造就指導力

「若要窺見摩西（Moses）的手腕，勢必少不了以色列人民於埃及淪為奴隸的情況。若要知曉居魯士（Cyrus）是多麼心胸宏偉的君王，勢必少不了波斯人遭米底人欺壓的背景。」

② 能改變生活方式的人才能長存

「準備充分的兩人之中，其中一人達成目標，另外一人無法達成。（中略）這項差距取決於他們的行動方式符合或偏離時代的風格。」

③ 不設定目標的人毫無指導力可言

領導者的指導力是源於目標的制定。設定具有齊心團結價值的目標，便是領導者的手腕。

設定正確的目標
能造就領導力

訂立正確的目標，即是領導力的根基。

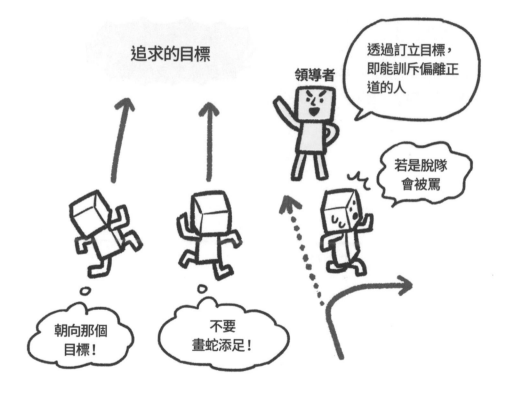

追求的目標

領導者

透過訂立目標，即能訓斥偏離正道的人

若是脫隊會被罵

朝向那個目標！

不要畫蛇添足！

只要目標沒有出錯，屬下就不會偏離正道。

實踐　**若希望屬下做出正確行動，您必須先訂立目標。若是沒有訂立目標，就算責備對方也是搞錯了問題癥結點。**

能改變生活方式的人
才能永存

5

尼可洛·馬基維利

「行動恰當與否」永遠是依情況而定。
能夠隨機應變才是聰明人。

北風吹襲的日子	豔陽高照的日子

在這種情況下……　　　　　　在這種情況下……

穿著大衣　　　　　　　　脫下大衣
保暖才正確　　　　　　　涼快才正確

成功與失敗取決於是否因時制宜。
切記別執著於手段或想法，
而是要依情況或時代做出應對。

您的行動正確與否，取決於當下的情況。若是情況改變
了，那麼勇於改變一直以來的生活方式，即能成為贏家。

不設定目標的人
毫無領導力可言

重振日本航空（JAL）的稻盛和夫（Inamori Kazuo）
是在訂下公司的理念後，才會斥責員工。

稻盛和夫的領導力也是
從其理念及行動基準之中產生的

理念

追求全體員工
物質與心靈
兩方面的幸福

行動基準

透過變形蟲經
營讓各部門獨
立核算

領導力是藉由設定「目標」、
「理念」與「行動基準」而產生的。
沒有目標的地方就不會有指導力。

實踐　領導者訂立的目標，應對團體有正向效果，且是「無法否
定的事物」。這將成為讓眾人團結一心的指導力。

只要使用戰略
弱者也能獲勝

Strategy

第 **2** 章

競爭戰略

戰鬥的基礎就是與對手決戰，

也就是「競爭」。

為了勝出，戰略才得以逐漸發展。

讓我們看看「為了在競爭之中勝出的戰略」。

Strategy 6

在戰略之中，
「攻擊」與「防禦」是永遠的課題

麥可‧波特

Michael E. Porter

> 戰略的目標，
> 是創造獨特且
> 高價值的地位。

構想者

麥可‧波特在1947年出生於美國，父親是軍人。於哈佛大學研究所取得企管碩士及博士學位，1982年成為該校史上最年輕的教授。他是競爭戰略的世界權威。

形成經過

為了提供價值（有效率地滿足顧客需求），他嘗試解開各種不同立場的人進行「競爭」的原理，寫下《競爭論》（On Competition）。

內容

《競爭論》內容由五個部分所組成。其內容為〈競爭與策略：核心觀念〉、〈地點的競爭力〉、〈以競爭力的方式來解決社會問題〉、〈策略、慈善與社會責任〉以及〈策略與領導力〉。

煩惱

若要在企業競爭之中稱霸，應著眼於哪些動態？

這個世界的競爭結構，究竟是怎麼一回事？

解答

競爭戰略的基本棋步，是「防衛」或「加入」這兩項。防守時要強化自家公司的「進入障礙」（entry barrier）。進攻時則應「破解對手的進入障礙」或「使進入障礙失效」。

這個戰略的Point

① 競爭就是「五種進入障礙的攻防戰」

五種競爭要素便是指「新加入者的威脅」、「買方的談判力量」、「既有企業之間的競爭」、「替代品與取代服務的威脅」、「供應商的談判力量」。

② 改善業務效率和戰略性行動是不同的

「所謂的業務效應，就是比競爭企業更高明地進行相似的活動。（中略）另一方面，戰略定位則是進行和競爭企業不同的活動，或是用不同的方法進行類似的活動。」

③ 從「商品」、「顧客需求」、「接觸途徑」鎖定戰略

戰略定位共有三種：

1) 基於種類的定位，就是「從業界的製品或服務之中挑選一部分並提供」；

2) 基於需求的定位，就是「選定部分顧客群體，並依照其需求進行大幅度或整體的應對」；

3) 基於接觸途徑的定位，就是「依照接觸途徑的差異挑選顧客」。

競爭就是
「五種進入障礙的攻防戰」

瓦解對手的進入障礙，或是強化自身的障礙。

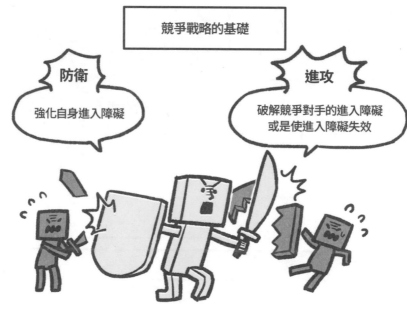

競爭戰略的基礎

防衛

強化自身進入障礙

進攻

破解競爭對手的進入障礙
或是使進入障礙失效

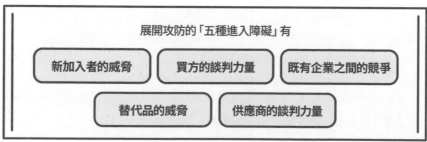

展開攻防的「五種進入障礙」有

新加入者的威脅　　買方的談判力量　　既有企業之間的競爭

替代品的威脅　　供應商的談判力量

實踐　商業競爭總是圍繞著進入障礙而進行。我們所該做的事，就
是瓦解對手的進入障礙，並透過防禦讓對手無法稱心如意。

這個戰略的
POINT2

改善工作效率
和戰略性行動是不同的

工作效率和戰略性行動的差別。

| 工作效率 | 比競爭企業更高明地進行相似的活動。 |

輕量滑輪

老練的工人

競爭企業

改善桶子形狀

汲水　**工作效率**　➡　基本上是相同行動

| 戰略性行動 |

① 進行和競爭企業不同的活動

② 用不同的方法進行
　與競爭企業相似的活動

不從井裡汲水，
而是運送寶特瓶販賣！

用人力來汲水
實在是沒效率呢！

實踐

**戰略定位的本質，在於選擇和競爭企業不同的活動。和
其他公司相異的商品、服務、顧客需求、地理位置，皆
能成為武器。**

從「商品」、「顧客需求」、「接觸途徑」鎖定戰略

三種「戰略定位」

① 基於種類的定位　　選定特別的服務、製品

（例）捷飛絡（Jiffy Lube）
專門更換汽車機油

其他種類的服務或製品
則是交給其他公司處理。

② 基於需求的定位　　滿足特定顧客層的所有需求

客層A
客層B
客層C

（例）IKEA宜家家居
專為偏好低價、願意花時間
組裝的客層提供服務。

③ 基於接觸途徑的定位　　因應物理上的環境，
致力於具有高價值的服務、製品

（例）卡麥克連鎖電影院線（Carmike Cinemas）
在20萬人口以下的都市開設的電影院，其特徵是
只需一名高階管理人即可營運。

價值
都市

價值
車站旁

價值
近郊

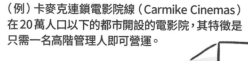

實踐

鎖定特定的需求或種類，就是避開和其他公司競爭，讓自家公司能開拓有利商機的基礎。

Column

波特與巴尼的無仁義之戰

7

企業握有的資源將決定最傑出的戰略

傑恩・巴尼
Jay B.Barney

依據個別擁有的資源來決定企業戰略！

形成經過

《獲得與保持競爭優勢》（Gaining and Sustaining Competitive Advantage）的主要目標是「企業戰略論領域的研究精要與統整」。此外，本書特色是主張透過「機會」、「威脅」等概念，說明企業戰略的選項（應選擇的戰略）會有所不同。

構想者

傑恩・巴尼在1954年出生於美國。自耶魯大學取得博士學位，於猶他大學等機構任教。他提倡企業透過有效運用自身獨特的資源在競爭之中勝出的「以經營資源為出發點的競爭戰略」，著有《獲得與保持競爭優勢》。

內容

《獲得與保持競爭優勢》是由三冊組成的套書。基本篇（上冊）的內容是「戰略究竟是什麼」、「企業的強項與弱項」；業務戰略篇（中冊）是「垂直整合」、「靈活性」；全社戰略篇（下冊）則是「戰略聯盟」、「多角化戰略」等。

煩惱

雖然想出了好幾項戰略，
但究竟應以什麼為基準選出自家公司的戰略才好呢……？

解答

應極盡可能地利用企業握有的獨特資源，
選擇其他公司難以模仿的戰略！

這個戰略的Point

① 握有其他企業難以模仿的理論（成功法則）

「當企業握有某項其他企業不知道或難以實踐的理論時，就能獲得競爭優勢。」

② 基於企業握有的資源訂立戰略

「基於資源的觀點（resource-based view of firm. 即基於經營資源的企業觀）這項架構，專注於企業獨有且其他公司需大量成本才能複製的經營資源。另外，只要活用這類經營資源，企業即能獲得競爭優勢。」

③ 運用「價值鏈」的分析找出優勢

「企業若要鎖定具有競爭優勢潛力的經營資源或能力，就要採取價值鏈分析。（中略）這些垂直連鎖的業務活動的總和，便稱作某項產品的價值鏈。」

握有其他企業難以模仿的理論（成功法則）

追求競爭優勢，
而追求競爭優勢有兩種方法。

① 只有自家企業才知道的理論

你到底是
怎麼成功的？

祕密～♪

② 就算知道該項理論，
其他企業也無法模仿

不會游泳
就無法去拿
果實……

戰略就是企業
針對「如何才能成功」
所抱持的理論喔

競爭優勢
是指其他公司無法模仿的
「成功理論」

在②的情形中，光是擅長是
行不通的。必須以「能賺錢」的
理論作為大前提

實踐

不單是要持有成功法則，更要確保該項法則不會被其他公司使用。

基於企業握有的資源訂立戰略

透過能活用自家公司特色的
「基於資源基礎理論」來思考。

就算發現機會，
若是沒有有效的資源
就會失敗！

美味果實　美味果實

新事業

輕鬆搆到了～！

我們沒有
「取得高處果實」
的資源耶

組織資本

人才資本

財產資本

物質資本

「為了取得高處果實的資源」

其他資本　其他資本　其他資本

專注於企業獨有，
且其他公司需大量成本來複製的經營資源。

透過活用其他公司沒有的獨特經營資源，在競爭之中勝出。

實踐

運用「價值鏈」的分析找出優勢

整體的競爭優勢，
取決於連鎖的附加價值（價值鏈）。

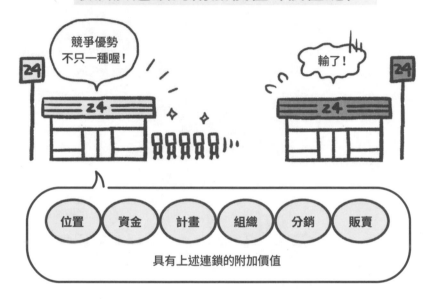

便利商店的優勢
在於選擇位置或
資本能力，店內的
行銷也能非常多樣

所以「價值鏈」（附加
價值連鎖）的分析才
那麼重要

實踐

透過找出一個以上的附加價值，便能成為在競爭中勝出的
企業。

比起商品或市場，更應思考關於組織的事！

基業長青

Built to Last

構想者

詹姆·柯林斯（James C. Collins）在1958年出生於美國。於史丹佛大學攻讀數學，並取得MBA學位。曾在麥肯錫（McKinsey & Company）與惠普（HP）工作，其後在1994年以共同作者名義出版《基業長青》（Built to Last : Successful Habits of Visionary Companies）。

內容

《基業長青》一書以「能撐過時間考驗的卓越企業」為題，比較大量的優良企業。本書揭開具有自我更新能力的企業，有「基本理念」、「大膽的目標」、「如同教條般的文化」、「大量試錯」等特質。

無論哪個時代，都存在能永續經營的企業！

形成經過

本書比較為數眾多的企業，探討「真正卓越的企業和其他企業究竟有何區別」（出自本書前言）這項主題。釐清無論是哪個時代，能夠永續經營的企業都具有哪些共同點。

煩惱

要如何打造出不會因時代變化而衰亡的永續企業呢？

解答

讓員工認知到企業是特別的極致作品，定期規劃賭上公司存亡的大膽目標！

這個戰略的Point

①將公司想成是「極致的作品」

「將公司視為極致的作品，便能帶來莫大的思維轉換。若要建立公司、從事經營，這項思維轉換將大幅改變時間的使用方式。應該少花時間思考生產線和市場策略，花更多時間來思考組織設計。」

②運用「定期性的大目標」刺激組織

「作為推動進步的強力機制，有時力行基業長青的企業會訂立大膽的目標。擷取賭上公司存亡的大膽目標（Big Hairy Audacious Goal）的字首，這類目標稱作BHAG。」

②讓員工抱持處於「特別的公司」的意識

「首先最重要的，就是應讓理念紮實生根、開導員工、驅趕病源，讓剩下的員工抱持身為菁英組織一分子的重大責任感。」

將公司想成是
「極致的作品」

**不關注個別商品，
而是將公司視為極致的作品。**

力行基業長青的企業

並非關注優秀的「商品」，
而是著眼於持續製作商品的「公司本身」。

商品A
商品B
商品C
公司

一般企業

將注意集中於個別商品的製作

商品A
公司A

商品B
公司B

實踐

相較於個別製品，抱持打造出「公司」這項極致作品的目標，更能培養出長期優勢。

運用「定期的大目標」
刺激組織

定期自主規劃並實踐遠大的挑戰。

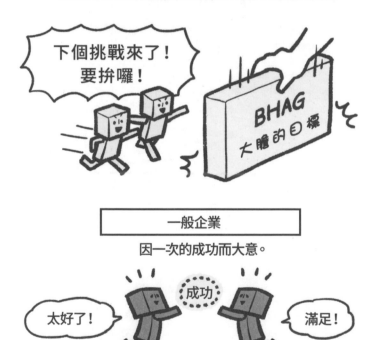

力行基業長青的企業

就算成功也會定期訂立賭上公司存亡的遠大目標。

下個挑戰來了！
要拚囉！

BHAG
大膽的目標

一般企業

因一次的成功而大意。

太好了！　成功　滿足！

實踐

透過自主定期訂立大膽目標，便能超越過去的成功，最終
踏上嶄新的成長軌道。

讓員工抱持「特別的公司」的意識

要成為特別的公司，
重要的是讓員工相信「身在特別的公司」。

基業長青的本質

> 將「發明特別的公司」列為第一優先。
> 只有致力於這一點的領導者組織才能永存。

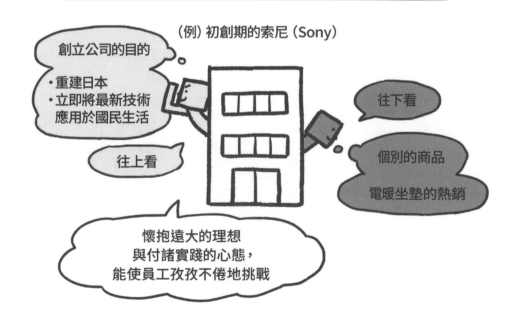

（例）初創期的索尼（Sony）

創立公司的目的
・重建日本
・立即將最新技術
　應用於國民生活

往上看

往下看

個別的商品

電暖坐墊的熱銷

懷抱遠大的理想
與付諸實踐的心態，
能使員工孜孜不倦地挑戰

員工認為自己的公司很特別且追求自己的理想，這種對公司的歸屬感將激發他們的創造力與努力。

實踐

營運不振的企業，
也一定能找出搭上成長循環軌道的戰略！

放膽做決策

Strategy professional

透過實踐將理論
運用自如，
並提交成果！

形成經過

在商務之中，隨著時間經過以及競爭情形的變化，優勢也會變為劣勢。本書指出如何因應這個循環的重要性。原文書名中的「戰略專家」，指的並不單是分析，還包含「唯有透過實踐將訂立目標化為成果的人，才是真正的專家」的意涵。

構想者

作者三枝匡（Tadashi Saegusa）出生於1944年。波士頓顧問公司（BCG）在日本錄用的第一人，於史丹佛大學取得MBA學位。曾在數間企業擔任經營者，自2002年起擔任史密斯集團（Smiths Group）CEO，2018年成為該公司總部的資深董事長。

內容

《放膽做決策》一書共有六章。內容分別是第一章〈決意展翅高飛〉、第二章〈空降部隊〉、第三章〈破釜沉舟、勇往直前〉、第四章〈錦囊妙計、飛躍成長〉、第五章〈衝鋒陷陣、直搗黃龍〉、第六章〈大獲全勝〉。此外，書中也有【策略筆記】的解說。

煩惱

在競爭危害存在的現今市場之中，就連優勢也會隨著時間經過而衰退……。

競爭時，究竟要將什麼視為核心呢？

解答

透過分析「市場定位」、「生命週期」、「競爭危害狀態」這三項情形，便能看清最恰當的出牌方式！

這個戰略的Point

①從「競爭狀態」與「時間軸」看出應實行的對策

「該用什麼做法建立競爭定位的假設才好呢？（中略）為了掌握具體形象，我總會在腦中描繪兩張圖表（產品生命週期圖與事業成長路徑圖）。」

②「價格設定」是邁向勝利的重要課題

「就算成本是1日圓，只要對方能獲得好處便能以1萬日圓賣出。就算成本是1萬日圓，只要無法獲得好處，即便開價1日圓，對方也不會購買。」

③用「區隔」在業務攻勢中勝出

「能在競爭企業不知不覺中，打造出嶄新市場區隔的企業，才會勝出。」

「市場區隔是領導者發揮才能的有力工具。這是因為，市場區隔能變成『篩選』、『集中』公司內部能量的方針，成為公司內部溝通的強力武器。」

從「競爭狀態」與「時間軸」看出應實行的對策

有效的手段
會隨「產品生命週期」而改變。

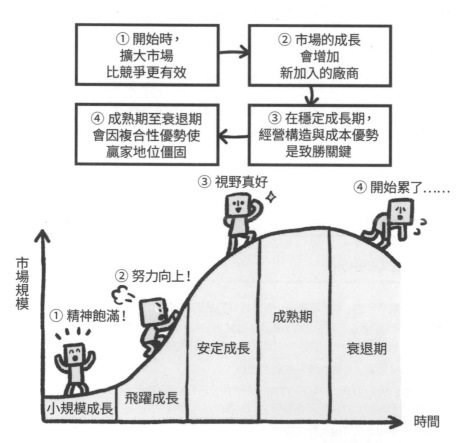

① 開始時，
擴大市場
比競爭更有效

② 市場的成長
會增加
新加入的廠商

④ 成熟期至衰退期
會因複合性優勢使
贏家地位僵固

③ 在穩定成長期，
經營構造與成本優勢
是致勝關鍵

③ 視野真好

④ 開始累了……

市場規模

② 努力向上！

① 精神飽滿！

成熟期

安定成長

衰退期

小規模成長

飛躍成長

時間

實踐　不要光看眼前風景，而是用有效架構，以俯瞰的視野掌握
現狀，選擇最佳辦法。

「價格設定」
是邁向勝利的重要課題

「價格設定」即是
推理顧客思考邏輯的遊戲。

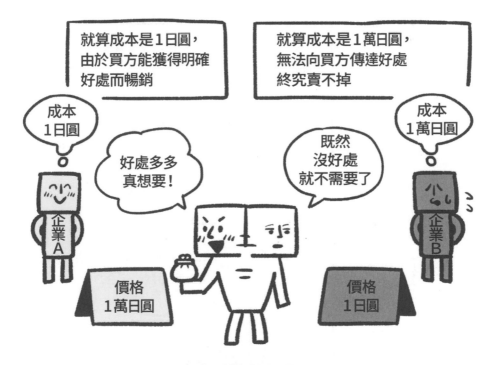

就算成本是1日圓，
由於買方能獲得明確
好處而暢銷

就算成本是1萬日圓，
無法向買方傳達好處
終究賣不掉

成本
1日圓

成本
1萬日圓

好處多多
真想要！

既然
沒好處
就不需要了

企業A

企業B

價格
1萬日圓

價格
1日圓

只要對顧客有「好處」，
就算成本低廉但價錢昂貴，也能賣出！

別採取「因為成本低廉，因此要賣得便宜」的觀點，重要
的應是貫徹於尋找「顧客眼中的好處」。

實踐

用「區隔」
在業務攻勢中勝出

有效地細分市場（進行分類）。

步驟1

對於製品的興趣、需求程度

自家公司能獲得的好處 ← 推銷成功的話

	強	弱
大	① ○	② △
小	③ △	④ ✕

依照對象的屬性
進行魅力度區隔

將最大的資源集中於執行
「①需求強、好處大」的戰略！

步驟2

是否能與競爭對手進行差異化

對象的魅力度

	可以	有難度
大	① ○	② △
小	③ △	④ ✕

增加競爭狀態元素的
最終市場區隔

將最大的資源集中於執行
「①具魅力又能差異化」的戰略！

實踐　只要依「重要程度」或「需求」為市場進行詳細的分類，
「應該經營的重點」的解答自然就會浮現出來。

獨特的資源
對個人來說
也很重要呢

Strategy

第 **3** 章

避開競爭
的
競爭戰略

即使和對手爭奪優勢，

若是我方身心俱疲，

只會讓資產減少、體力喪失。

本章主要介紹「避開直接碰撞、

在保存體力的同時勝出的戰略」。

反過來利用物量法則，
弱者要選擇能夠逆轉的道路

蘭徹斯特法則
Lanchester's laws

先攻擊
兵力較少的
弱者！

形成經過

蘭徹斯特法則原本是軍事戰略，在創始者的年代就已經受英國採用，甚至到日美戰爭時仍被美軍研究團隊採用。日本則是由田岡信夫於1962年將蘭徹斯特法則引介為銷售戰略，現今仍廣泛活用於企業經營之中。

構想者

弗雷德里克‧蘭徹斯特（Frederick Lanchester）在1868年出生於英國。他從技術學院畢業後，透過獨自創業開始汽車的製造與銷售。他出售公司後，於1914年提出集中法則，也就是知名的「蘭徹斯特法則」。

內容

由第一法則與第二法則兩項理論組成。第一法則是一對一的戰鬥，稱作「單打獨鬥法則」；第二法則是集團對集團的戰鬥，稱作「集中效果的法則」。第一法則是弱者的戰略基礎，第二法則是強者的戰略基礎。

HIS會長兼社長、
豪斯登堡前任社長
澤田秀雄

我們
也是粉絲

煩惱

勢力微小的弱者，要如何戰鬥才能勝過強者呢？
要如何生存下來，不被對手擊潰……？

解答

應該迴避與強者全面開戰，專注於讓特定領域成長
至第一！在不停地仿效強者優點的同時，也要專
挑比自己更弱的對手進行攻擊。

這個戰略的Point

①依勢力的強弱分為「兩種戰法」

「『弱者的戰略』，就是以地域為基礎，專為供應給該地顧客的商品擬定戰略（中
略）。弱者必須先在地域打造據點。這便是弱者戰略的大前提。」

②目標是成為「三項第一」

「強者的戰略，是利用高居第一的商品做為基礎，針對鎖定的地域擬定管理戰略（中
略）。在占有率高的地域之中，處於強者立場的企業若是沒有持續推出強勢商品，
就無法維持其占有率。」

③「欺負弱小」的經營戰略

「行銷學的內容，屬於行銷之中的『發想範疇』，因此必須光明正大地用點子和強者
一較高下。但是，關於要鎖定哪個地域、要將哪個地域設定為攻擊目標的課題，解
答幾乎無法跳脫既定法則。因此我們只能貫徹欺負弱小的法則，別無他法。」

依勢力的強弱
分為「兩種戰法」

依照兵力多寡
分別使用蘭徹斯特的「兩項法則」。

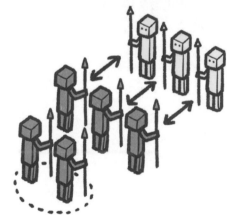

第一法則
單打獨鬥的法則

五對三的情況下，多
的那一方對剩下兩人

在兵力少的時候，
應採用這種戰略

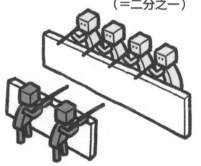

第二法則
集中效果的法則

四人將承受兩發子彈
（＝二分之一）

兩人將承受四發子彈
（＝兩倍）

四人對兩人
差距將是兵力差距的二階
⇒也就是四倍

兵力多時，這種戰略較有利

 實踐

根據這兩項法則，少數方採取一對一的對策較為有利，而
多數方採群體對群體的戰鬥較有利。

目標是成為「三項第一」

將「蘭徹斯特的法則」
運用於經營。

① 成為該地域的 第一名	② 成為客戶的 第一選項	③ 製作第一名的 商品
這個區域的 No.1！	占有這個客戶 No.1的投資配額！	受年輕人 歡迎商品No.1！

「三項第一」對於拓展市場與提升營業額成長的貢獻是無與倫比的。

若是一切都平凡無奇，就無法「下剋上」（反敗為勝）。
重要的是下意識鎖定「三項第一」中的某項為目標。

「欺負弱小」的經營戰略

明確區別「競爭目標」與「攻擊目標」！

不斷模仿排名高的企業優點

由於會陷入不利，不和大企業對立

攻擊對象必定是「比自家公司更低階的弱者」

大企業

自家公司

比自家公司更小的企業

蘭徹斯特的法則指出，要擴大市占率，
就是「永遠都要以弱者為攻擊對象」。

實踐 蘭徹斯特戰略的基礎是攻擊比自己弱小的對象，這也能讓
戰鬥結果永遠處於有利。

我是蘭徹斯特。

11

離開發展成熟、競爭日益激烈的市場，
進行全新發想！

藍海策略
Blue ocean strategy

只要開創前人未見的市場，就算是夕陽產業也能成長！

構想者

作者金偉燦（W. Chan Kim）與莫伯尼（Renée Mauborgne）皆是法國歐洲工商管理學院（INSEAD）的教授。兩人於2005年出版《藍海策略》（*Blue Ocean Strategy*），並在2013年被選為Thinkers50全球管理思想家第二名。

內容

《藍海策略》一書大略分為〈何謂藍海策略〉、〈擬定藍海策略的原則〉、〈執行藍海策略的原則〉三部。該書內容包含實際執行的架構，是具有實踐性內容的戰略書。於2015年發行新版，大幅修訂第九章，並新增第10、11章。

形成經過

當各式各樣的產業邁入成熟後，激烈的競爭會增加爭取新市場的難度。為了解決這項問題，「全新市場和空間」（即藍海策略）的概念便產生了。

煩惱

處於競爭激烈的市場，徒增損耗……
機會究竟在何處呢？

解答

為製品、服務賦予「消除」、「提升」、「減少」、
「創造」四項變化，便能吸引有別於既有顧客
的消費者！

這個戰略的Point

①找出吸引全新消費者的市場

「紅海是指現今既有的所有產業，也就是已知的市場空間。相對地，藍海則是現在
仍未誕生的市場，泛指所有未知的市場空間。」

②大膽採用「四項行動」

「黃尾袋鼠（Yellow Tail）大膽省略熟成步驟，立即出貨。在達到樸實又具果實甘甜
風味的同時，也果斷地去除單寧、橡木桶、層次、熟成等要素，撤開高級葡萄酒和
日常葡萄酒長年下來的競爭重點與定位。」

③傑出戰略共同具備的「三項差異化」

「傑出藍海策略的價值曲線，具有①能屈能伸、②高度獨特性、③具訴求力的宣傳
標語這三項特徵。缺乏這些特徵的策略會流於千篇一律、印象薄弱，難以打動他人
且耗費大量成本。」

找出吸引
全新消費者的市場

競爭過剩的市場「紅海」，
以及全新的市場「藍海」。

漁獲年年減少

大豐收！
得到嶄新的
成長力囉！

紅　海	藍　海

競爭激烈，
利益甚少。

以不同於以往的方式
吸引並形成
新消費者的市場

實踐　藍海的意思是競爭稀少的市場，這也同時包含發現市場及
創造市場這兩個面向的戰略。

大膽採用「四項行動」

大膽做出四項改變，
讓全新的消費者成為自家公司顧客。

太陽馬戲團

| 孩童觀看的內容（動物秀等） | 適合成年人約會 |

移除 → 增添

差異化與創造價值

減少　　　　附加

藝術性視覺饗宴
適合成人
高價格
具故事性

危險與驚險感　　　富裕人士的娛樂

讓新的消費者成為顧客！

太陽馬戲團成功地「呼喚成人走進」馬戲團市場。透過吸引嶄新消費者，便能創造沒有競爭的市場。

實踐

這個戰略的
POINT 3

傑出戰略共同具備的
「三項差異化」

傑出的藍海色略具有「三項特徵」。

極端迷你⋯⋯

極端巨大！

① 能屈能伸

② 高度獨特性

No.1

③ 具訴求力的
宣傳標語

缺乏三項特徵的戰略，
會因千篇一律、印象薄弱而難以打動他人，又耗費大量成本。

實踐

**這三項特徵是果不是因，所以應該發揮果斷大膽的特質，
引導不同於以往的顧客走向自家公司。**

為了凸顯獨特的魅力,從五項之中鎖定焦點!

五項定位戰略

Five ways positioning strategy

構想者

佛瑞德・克洛福德(Fred Crawford)是總公司設於法國的凱捷管理顧問公司(Capgemini)的副執行長。共同作者萊恩・馬修斯(Ryan Mathews)則是居住於底特律的未來學家。

內容

《A+的祕訣》一書透過事例,針對「價格」、「服務」、「接觸途徑」、「商品」、「體驗價值」這五項要素進行分析與解說,全十章。書中以「如何做到差異化」為主軸,針對各要素進行論述。本書日文譯本由星野集團CEO星野佳路審訂,並為其撰寫前言與後記。

從五項要素之中做出篩選!

形成經過

本書戰略是透過長達三年調查得出的結論。消費者與企業都不應期待能在所有面向都是一流,而是應選擇「就自己追求的平衡性而言」的第一名企業。他警告試圖在所有項目爭第一的企業,會因誤解而失焦。

星野集團CEO
星野佳路

我們也是粉絲

煩惱

現代充斥著類似的產品與服務，有辦法做出差異化嗎？

解答

應從「價格」、「服務」、「接觸途徑」、「商品」、「體驗價值」之中鎖定焦點進行設計，讓其中一項達到主導地位（5分）、另選一項達到差異化（4分），剩下的三項則是達到業界平均水準！

這個戰略的Point

① 篩選五項要素並釐清差異化應著重的焦點

「為了解決同質化與資源有限性這些經營課題，並且居於競爭優勢，理想分數是5‧4‧3‧3‧3。」

② 避免步入「了無新意」後塵的戰略

五項定位戰略具有避免陷入同質化，以及在有限經營資源之中做出篩選並集中的兩項優點。

③ 意識到「心理層面的接觸途徑」

在現代，應將「接觸途徑」這項要素分作物理及心理層面這兩項類別。

篩選五項要素並進一步鎖定張弛有度的差異化

透過五項要素有效地實現戰略優勢。

和所有商業行為相關的五項要素

價格　服務　接觸途徑

商品　體驗價值

讓其中一項達到主導地位（5分），
另選一項達到差異化（4分），
剩下的三項則是達到業界平均水準

為什麼不以五項
全都5分為目標呢？

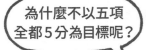

一間企業不可能在所有
領域都出類拔萃，這只
會讓優點變得更不明確

實踐

透過鎖定獨特性，能讓焦點變得更明確。試圖成為萬事通，只會和其他公司別無二致。

避免步入
「了無新意」後塵的戰略

五項定位戰略具有兩大優點。

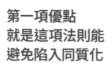

第一項優點
就是這項法則能
避免陷入同質化

星野集團社長
星野佳路

第二項則是
能透過有限的經營
資源做出篩選
並集中

花圃A

花圃B

若是試圖在所有面向都做
到頂尖，反而會無法達到
明確的差異化。

篩選五項要素，並對其中三項
妥協做出「達到業界平均即可」，
便能顯露出大膽的特徵。

實踐

這項戰略是從沒有淪為同質化（即不可取代）的企業的共
同點孕育而生的。差異化成功的關鍵，就在果斷放棄不需
要的部分。

這個戰略的
POINT 3

意識到「心理層面的接觸途徑」

現代接觸途徑之中的兩項力學，便是「物理層面的接觸途徑」及「心理層面的接觸途徑」。

物理層面的接觸途徑	心理層面的接觸途徑

距離近又方便，真棒！

近

遠　遠

心理上相近

心理上相遠

心理層面的框架或社群上的感受，也是屬於心理層面的接觸途徑

層級3	能夠解決和生活型態有關的問題
層級2	能夠提供便利的體驗
層級1	能夠輕易發現

在網際網路時代，不單是物理層面的接觸途徑，就連心理層面的接觸途徑也能成為吸引消費者的魅力。

實踐

不競爭也有可能獲得高收益

不競爭的競爭戰略

Non-competitive competitive strategy

用有別於
領頭企業的型態
設定目標市場，
同時設置進入障礙！

形成經過

在多數企業互相競爭的市場之中，進行同質性高的競爭只會使彼此陷入困頓。日本國內的激烈競爭，以及全球新興國家企業從事的低成本競爭，都會導致淨利率下降。為了擺脫這種情形，本書提倡獲取「不競爭而獲得的利益」。

構想者

山田英夫曾任職於三菱綜合研究所，並曾陸續擔任各大企業的獨立董事。現任早稻田商學院教授，除了《不競爭的競爭戰略》之外，另著有多本商務戰略書籍。

內容

《不競爭的競爭戰略》是由四個篇章及終章（共五章）構成。其內容分別是第一章〈不競爭的競爭戰略〉，第二章〈利基戰略〉，第三章〈兩難戰略〉，第四章〈協調戰略〉，終章〈從競相爭奪薄利之中脫離〉。

煩惱

除了過度的競爭之外，還必須面對大企業的同質化攻勢……
要怎麼做才能提升利益呢？

解答

為了不和大企業競爭，需要採用「分棲共存」或「共生」的手段！而能達到這個目的的三項戰略便是「利基戰略」、「兩難戰略」、「協調戰略」！

這個戰略的Point

① 自家公司主動推出「不會被模仿」的戰略

「為了『不競爭』，便需要和業界的領頭企業『分棲共存』或『共生』。其具體方法共有 ①利基戰略、②兩難戰略、③協調戰略這三種。」

② 透過「量」或「質」進行差異化

「利基企業的兩項武器，分別是透過品質控制提升進入障礙，以及透過數量控制市場規模。」

③ 將對手的武器化為「弱點」

「兩難戰略是將『沒有資源』當作強項，避免和領頭羊戰鬥的戰略。（造成競爭公司的兩難）」；「協調戰略是專門強化價值鏈當中一部分的功能，進而構築出不用競爭的戰略。」

自家公司主動推出
「不會被模仿」的戰略

打造大企業或領頭企業
無法模仿的形勢。

不競爭的競爭戰略之兩大方向與三項戰略分類

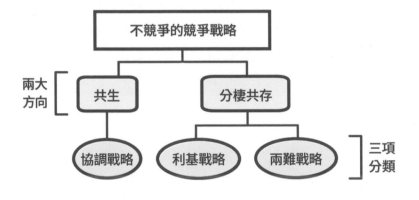

利基和兩難
哪裡不一樣？

「利基」是透過
鎖定市場的量或
質，藉此形成
進入障礙。
「兩難」則是運用
戰略打造進入
障礙。

實踐

**不競爭就是要選擇能自然形成進入障礙的途徑，或是成為
對方合夥人（同伴）的途徑，光是不用直接面對競爭就已
具有優勢。**

這個戰略的
POINT2

透過「量」或「質」進行差異化

利基戰略的基礎在於市場之中的兩軸。

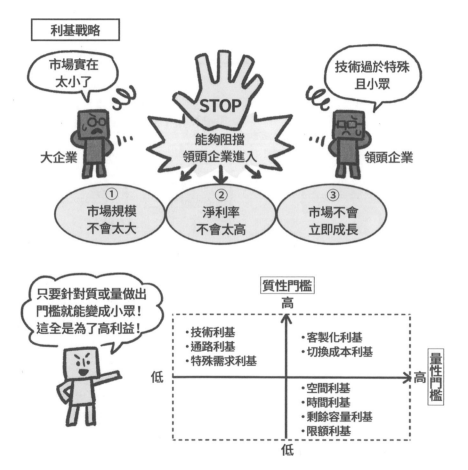

利基戰略

市場實在太小了

大企業

STOP

能夠阻擋領頭企業進入

技術過於特殊且小眾

領頭企業

① 市場規模不會太大

② 淨利率不會太高

③ 市場不會立即成長

只要針對質或量做出門檻就能變成小眾！這全是為了高利益！

質性門檻

高

・技術利基
・通路利基
・特殊需求利基

・客製化利基
・切換成本利基

低

高 量性門檻

・空間利基
・時間利基
・剩餘容量利基
・限額利基

低

實踐

究竟要在質性上做出特色，抑或是進行量性的篩選呢？重點在於應形成對自家公司有利，且其他公司嚐不到甜頭的市場。

將對手的武器化為「弱點」

「兩難戰略」能將大企業的強項化為弱點，
「協調戰略」則是能配合大企業的步調。

| 兩難戰略 | 從事擁有龐大資產的大企業無法辦到的行為。 |

領頭企業

若是繼續拿著這個，就無法進入新的市場！

既有的資源、戰略

STOP

將過往以來大企業的強項或資源化為負債的思維

獨特的市場與進入障礙

| 協調戰略 | 進入價值鏈之中，試圖與大企業共存共榮。 |

讓我也加入嘛！
我會派上用場的

提供消費
者價值

實踐　所謂的兩難，就是創造讓對手資產成為阻礙的事業；而協調則是以共存共榮為目標。

經營戰略的基礎
就是
「差異化」！

Strategy

4

第　章

產業結構
的
戰略

隨著經濟的發展，

能讓戰略大放異彩的場域

也從「戰場」轉變為「企業」。

這一章要介紹的是

「對生產製造提供貢獻的產業戰略」。

多樣少量也能採用低成本生產方式的發明

豐田生產方式
Toyota production system

就算是少量多樣，
也能以低成本
進行生產！

構想者

大野耐一於明治45年（1912年）出生於中國大連。進入豐田紡織後，於1943年轉調至豐田汽車。其理念是「即時生產」（Just in Time），並從中建立豐田生產方式的體系，藉此確立持續至今的豐田汽車生產理念。

形成經過

豐田獨特的生產理念誕生契機，源自於對提升製作量來降低成本的美式生產方式的疑惑。在1970年代的石油危機時，相同物品的大量傾銷突然不再管用，而少量多樣、能夠單獨生產要賣出的部分且同時降低成本的豐田生產方式，奠定了它的優勢地位。

內容

《追求超脫規模的經營：大野耐一談豐田生產方式》一書全五章。該書始於第一章〈「需求」是激發智慧與行動的源泉〉，最後以第五章〈在低成長時代中求生存〉作結。書中對豐田創始者豐田佐吉致上敬意，並大力主張豐田生產方式是一種生產方式的全新「發明」。

煩惱

在多樣少量這種非大量生產單一種類的情形之中，
也有辦法降低成本嗎？

解答

別將降低成本的重心放在「生產」，而是放在
「銷售」，那麼即便產品品項多樣，也能夠降
低成本！

這個戰略的Point

①「只生產要賣出的部分」的新穎性

「需要組裝的零件，只在有需要的時候，將需要的量送達生產線。」

② 讓剩餘庫存幾近於零的「看板管理」（JIT）

「人、庫存及設備都實在是太多了。無論是人、設備、材料或產品，若是超過必
要，勢必會增加成本。」

③ 將目標從發明「產品」推移至「發明生產方式」

「若要說佐吉老先生最大的成就，我認為應是他漂亮地達成『單憑日本人一己之力
完成一大發明』這項成就。」

「只生產要賣出的部分」的新穎性

豐田實踐的思維和降低成本的美式思維完全相反。

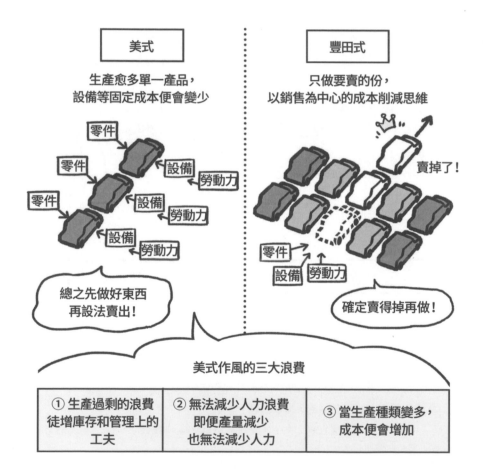

美式	豐田式
生產愈多單一產品，設備等固定成本便會變少	只做要賣的份，以銷售為中心的成本削減思維

零件
零件
零件
設備 勞動力
設備 勞動力
設備 勞動力

總之先做好東西再設法賣出！

賣掉了！

零件
設備 勞動力

確定賣得掉再做！

美式作風的三大浪費

① 生產過剩的浪費徒增庫存和管理上的工夫	② 無法減少人力浪費即便產量減少也無法減少人力	③ 當生產種類變多，成本便會增加

實踐 從銷售的角度而非製造的角度來降低成本，是一大創舉。同樣地，削減成本的可行範圍也會和以往大不相同。

讓剩餘庫存幾近於零的「看板管理」

不事先做好零件，而是在獲悉後段工程所需的零件數量後，再行製作的一種全新生產方式。

美式　由於既有的美式作風，是將起點設在前段工程，因此需要大量的庫存。

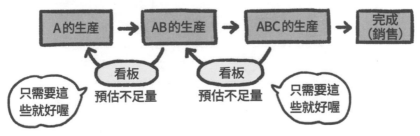

豐田式　由於「看板管理」能告知後期工程需要的零件，故只需最低限度的庫存即可。

透過看板即可得知正確的使用量，接著製造適量的零件。從使剩餘庫存幾近於零的角度來看，這是一項新的發明。

實踐

將目標從發明「產品」
推移至「發明生產方式」

透過發明生產方式成為世界性企業的豐田汽車。

一般企業是以產品
為最終目標

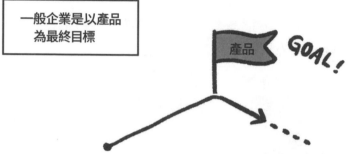

產品 GOAL!

如果以完成產品為最終目標，
只要產品過時，企業就會跟著邁向衰退。

豐田的力量

不是發明個別產品，而是發明生產方式，
並透過這種思維成為全球性企業。

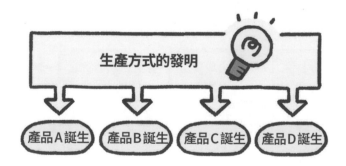

生產方式的發明

產品A誕生　產品B誕生　產品C誕生　產品D誕生

實踐

豐田汽車並非致力於發明產品或技術，而是發明出「生
產方式」。愈是根本性的發明，愈能占有長期而巨大的
優勢。

Column

發明家與革新者佐吉的夢想

※豐田佐吉……豐田集團的創始者，同時也是留下自動紡織機等多數發明品的發明家。

加密技術將改變世界！

區塊鏈革命

Blockchain revolution

省去企業或中央的中介，由個人直接進行交易的時代來了！

構想者

唐・泰普史考特（Don Tapscott）與亞力士・泰普史考特（Alex Tapscott）是父子。唐在多倫多大學主導一項專案計畫，任職於投資銀行的兒子亞力士，也從事「區塊鏈對金融造成的影響」的研究，兩人合著《區塊鏈革命：比特幣技術如何影響貨幣、商業和世界運作》一書。

形成經過

在中本聰發表的論文中，比特幣與區塊鏈技術受到全球矚目。本書從各個面向探討這項技術潛藏的極大可能性，以及它會如何改變世界樣貌。

內容

《區塊鏈革命》一書全11章。內容分別是第一章〈信賴協定〉、第二章〈航向未來〉、第三章〈重新打造金融服務〉、第四章〈重新組建公司架構〉、第九章〈在區塊鏈上解放文化：喜聞樂見〉等。

煩惱

已經沒有任何商業模型能超越中央集權式的平台了嗎……？

解答

區塊鏈技術的發展，可能會完全淘汰舊有
平台型商業模式！

這個戰略的Point

① 不透過大型企業或中央機構的交易開始了

「線上支付伴隨著雙重支付的問題。」、「區塊鏈之中並沒有管理整體的中心。」、
「這並非奪走計程車司機的工作，而是讓司機能透過Uber直接接下工作。」

② 這項嶄新技術為全球帶來全新的商業機會

「正因其中搭載高強度的資安措施，才能實現這項直接在當事人之間進行匯款的革
命性功能。」、「在此之前，網際網路往往無法支付給創作者適當的酬勞。」

③「真正的共享服務」將化為現實

「由於用戶彼此之間能直接進行交易，因此債權人將能獲得對應成本的全額銷售
額。這應該能造就並非中央集權及真正意義上的共享經濟。」

不透過大型企業或
中央機構的交易開始了

所謂的區塊鏈，
就是網路上的分散式帳本技術（DLT）。

過往以來網際網路的問題點

數位資料 能被輕易複製	資料的使用 歷程必須經過 整合	支付必須仰賴 中央資料庫 的認證

網路上分散式帳本區塊鏈的
加密技術登場

透過分散且 無法複製 資料進行交易的 新商務時代	就算沒有經過中央 的資料整合，用戶間 也能進行可信賴 的資訊交換	不需仰賴銀行的 匯款服務 及比特幣的登場

缺乏力量的個人也能掌握龐大商機的時代來臨了。

實踐 由於區塊鏈會發揮網路帳本的功用，所以無需經過中央整合資料。這項技術會為全世界帶來全新商機。

這個戰略的
POINT2

這項嶄新技術為全球帶來全新的商業機會

網路系統改革，
孕育出接連的全新商機。

過往的網路系統　　光是進行交易就會承擔鉅額手續費

鉅額手續費　　　　鉅額手續費

匯款人　匯款資料　中央整合資料　認證後開始匯款　受領人

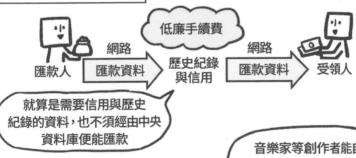

區塊鏈的機制　　由於手續費低廉，受領人取得的金錢也會增加。

低廉手續費

匯款人　匯款資料　網路　歷史紀錄與信用　網路　匯款資料　受領人

就算是需要信用與歷史紀錄的資料，也不須經由中央資料庫便能匯款

音樂家等創作者能自行管理相關權利，也能使用便宜的匯款服務！

實踐

高強度的資安技術讓直接匯款化為現實，創作者也能得到適當的酬勞。

「真正的共享服務」
將化為現實

未來將出現完全不經過中央的
「真正的共享經濟」

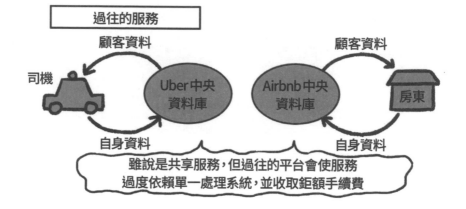

過往的服務

顧客資料　　　　　　　　　　　　　　顧客資料

司機　　　　　　Uber中央　　　Airbnb中央　　　　房東
　　　　　　　　資料庫　　　　資料庫

自身資料　　　　　　　　　　　　　　自身資料

雖說是共享服務，但過往的平台會使服務
過度依賴單一處理系統，並收取鉅額手續費

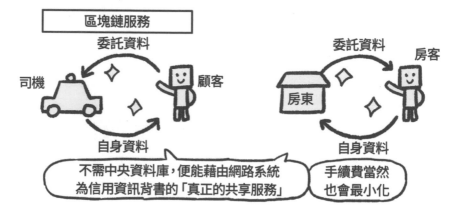

區塊鏈服務

委託資料　　　　　　　　　　　　　　委託資料　　　房客

司機　　　　　　　　　顧客　　　　房東

自身資料　　　　　　　　　　　　　　自身資料

不需中央資料庫，便能藉由網路系統　　　　手續費當然
為信用資訊背書的「真正的共享服務」　　也會最小化

實踐　　光靠最低限度的手續費，便能讓用戶直接進行交易的新時
代要來臨了。

Strategy

16

戰略性模仿並加以超越

騰訊
Tencent

構想者

馬化騰並沒有像阿里巴巴的CEO馬雲一樣在國外取得MBA學位,而是在中國廣東省深圳市成長。深圳是中國政府傾注資源發展尖端產業的特區,而馬化騰正是受此影響而斬獲成功。

用最快的速度將
「中國用戶的獨特性」
應用於產品開發!

內容

《馬化騰的騰訊帝國》全十二章。內容為第一章〈馬化騰這名男人〉、第二章〈相扶相持的人脈網絡〉、第六章〈從OICQ到QQ〉、第七章〈憑藉文字訊息成為贏利的網際網路公司〉、第十一章〈決戰遊戲市場〉、第十二章〈騰訊式創新〉等。

形成經過

《馬化騰的騰訊帝國》是由林軍、張宇宙合著的書籍,內文並未提及兩人的相關資訊。本書帶領讀者一窺和阿里巴巴相爭全球市值排名亞洲第一寶座的網路企業騰訊的謎團。

煩惱

後發企業也能成長至足以角逐亞洲霸主的境界嗎？

解答

他針對中國的網路環境進行最合適的產品開發，贏得4億名騰訊QQ用戶。只要透過活用社群和人才挖角等能在與勁敵競爭之中勝出的無限智慧，便能成為第一！

這個戰略的Point

① 一面模仿，一面大幅超越原先的對象

「騰訊的OICQ並非原創，而是以模仿品的型態登場。」、「馬化騰創業時的產品哲學便是『超越式模仿』。」

② 將「用戶體驗」分析至極致

「馬化騰認為騰訊的競爭力在於即時通訊的用戶群體或社群，不能單用市占率解釋。」、「騰訊能夠直接、迅速且正確地從終端取得用戶的反饋。」

③ 競爭必須切換至「完全不同的觀點」

「騰訊未旗開得勝，是因為和微軟在軟體上競爭，本身就是用自家公司不擅長的領域去挑戰對手擅長領域的行為。」、「騰訊推出多項未流行於美國、不具美國市場的新功能，讓微軟對此摸不著頭緒。」

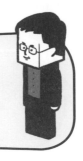
這個戰略的
POINT 1

一面模仿，
一面大幅超越原先的對象

「超越式模仿」，也就是始於仿效。

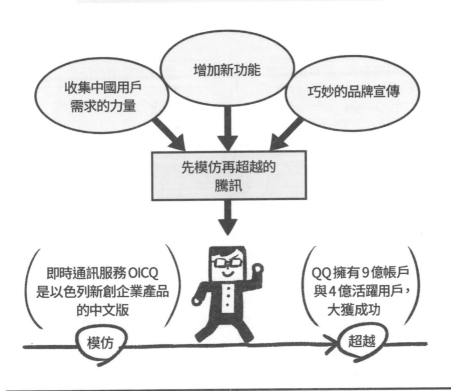

收集中國用戶
需求的力量

增加新功能

巧妙的品牌宣傳

先模仿再超越的
騰訊

即時通訊服務 OICQ
是以色列新創企業產品
的中文版

模仿

QQ 擁有 9 億帳戶
與 4 億活躍用戶，
大獲成功

超越

馬化騰模仿的以色列新創企業最終被美國線上（AOL）收購了。
也就是說，騰訊也有發揮「模仿以外的能力」！

實踐

**雖然騰訊先從模仿開始，但它反覆地改善用戶體驗，發揮
超越原型的力量。**

將「用戶體驗」分析至極致

全面強調用戶需求及體驗資訊的力量。

原來如此！用戶是這麼
使用我們的新功能啊！

直接觀察用戶反應

騰訊辦公室樓下的網咖

馬化騰　　張志東

將用戶體驗轉化為開發的最大武器！
騰訊的重要戰略

從以QQ為核心
的社群吸收用戶
反應與點子的
力量

發現中國人使用
方式的差異，與他國
企業做出差異化的
力量

透過網站舉辦
「用戶點子集」、
「創新競賽」等活動

從使用服務的現場，找出開發的靈感！

實踐　為了和他國企業做出差異化，騰訊會徹底研究中國用戶的
使用方式，淬鍊出開發的強力武器。

競爭必須切換至
「完全不同的觀點」

從和微軟的交戰方式看出騰訊的「中國式智慧」。

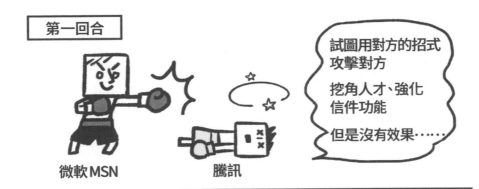

第一回合

微軟MSN　　　　騰訊

試圖用對方的招式
攻擊對方

挖角人才、強化
信件功能

但是沒有效果……

第二回合

微軟MSN　　　　騰訊

東洋式智慧！

接連增加以中國人
為對象的新功能

在中國用戶的反饋
功能上，騰訊也具有
勝過世界級巨人的
力量喔！

特別專攻於「中國用戶」這個巨大市場
便是成功的關鍵！

光是以相同的方式使用對方的武器是無法縮短差距的。
聰明做法是摸清自身熟悉的中國用戶特性，並持續在功能
上做出差異。

Strategy

17

透過有效的物流戰略創造優勢

最強物流戰略

Amazing logistics strategy

只要運用物流，就能在競爭之中勝出！

構想者

作者角井亮一於美國金門大學取得MBA學位。曾任職於船井綜合研究所，其後進入家族企業光輝物流，後來設立e-LogiT股份有限公司。該企業承辦郵購物流，是日本郵購物流代辦公司的第一把交椅，亦提供物流顧問服務。

形成經過

角井自2011年以來，每年都會在美國停留30日、在東南亞停留10日，是視察最新物流商務的專家。包括美國、歐洲在內等各個國家都將出色的物流戰略視為一大商業模型，他也指出日本企業該如何學習全球性物流戰略思維。

內容

《Amazon、宜得利、ZARA——最強物流戰略》一書是由序章、第一～六章與終章所組成。本書分析Amazon、宜得利、IRIS OHYAMA、ZARA、DHL的物流戰略，並在終章解說物流戰略的架構及最新動向。

煩惱

Amazon 之類的「憑藉物流勝出的企業」，到底是哪裡厲害？

解答

所謂的物流，並非單純是「運送物品的行為」。也試著思考能透過「顧客需求」×「物流」的組合辦到的事情吧！這將帶來強力的競爭優勢！

這個戰略的Point

① 掌握「物流」這項經營戰略的關鍵

「物流管理正是商業模型的代表。」、「如同傑佛瑞・貝佐斯所言，Amazon 是一間物流管理公司，亦持續在物流管理上進行投資。」

② 用「4C架構」執行物流戰略

「4C的運用方式，便是先思考便利性與時間這兩大要素，接著再加入和經營戰略有所共鳴的元素。（中略）接下來，再考慮手段與成本。」

③ 連繫製造與購買的「個體效率化」

「我會將全通路零售簡單整理如下：『這項買賣機制能夠因應任何訂購方法及取貨方式，因此搏得顧客青睞。』」

掌握「物流」
這項經營戰略的關鍵

物流並非單純是「運送物品」，
而是企業的「重要戰略」要素。

善於物流的五間企業

Amazon

宜得利

ZARA

IRIS
OHYAMA

DHL

對世界級企業而言，物流也是強力武器呢！

美國也有
「掌握物流便能在市場稱霸」的說法

實踐 有效的物流組合也能成為企業強力可靠的戰略。由於網路時代的到來，連繫人與物品的物流將變得不可或缺。

用「4C架構」執行物流戰略

物流會採用「4C」進行戰略物流思考。

物流戰略的4C架構

Convenience（便利性）	Combination of method（組合方式）
Constraint of time（時間限制）	Cost（成本）

〈步驟1〉　　　　　　　〈步驟2〉

先設定「能提供的便利性」與「時間限制」

配合步驟1所想出的服務價值，構想出適當的「手段」與「成本」

物流戰略的起點在於要為消費者提供什麼樣的便利性。透過便利性、成本及時間的組合，便能制定出獨特的戰略。

實踐

連繫製造與購買的
「個體效率化」

**透過提供價值與規劃全局，
提高個別效率。**

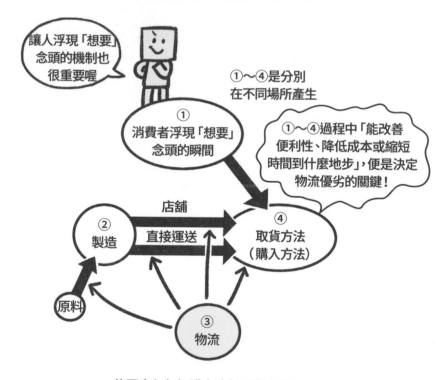

全通路零售具有高滿意度的理由

讓人浮現「想要」念頭的機制也很重要喔

①～④是分別在不同場所產生

①
消費者浮現「想要」念頭的瞬間

①～④過程中「能改善便利性、降低成本或縮短時間到什麼地步」，便是決定物流優劣的關鍵！

店舖
直接運送

②
製造

④
取貨方法
（購入方法）

原料

③
物流

能因應任何訂購方法與取貨方式！

實踐 消費者想購買某項產品時，當下所在的位置往往不是產品的生產地，而物流就是要設法拉近消費者與商品的距離。

從不同觀點看待事物，
就能發現他人無從得知的機會

傑佛瑞・貝佐斯

Jeffrey Preston Bezos

構想者

《貝佐斯傳：從電商之王到物聯網中樞，亞馬遜成功的關鍵》的作者是《彭博商業周刊》（*Bloomberg Businessweek*）資深撰述布萊德・史東（Brad Stone）。他採訪過包括Amazon在內的矽谷公司，擁有豐富的採訪經驗。

內容

《貝佐斯傳：從電商之王到物聯網中樞，亞馬遜成功的關鍵》由三大部分組成。第一部是〈貫徹信念〉，第二部〈不止步於書店網站〉，第三部〈傳教士，還是傭兵？〉。

Amazon
並不是在做
「買賣生意」！

形成經過

本書以創業者傑佛瑞・貝佐斯為中心，描寫Amazon達成的豐功偉業。書中說明儘管網路黎明期之中許多人物、企業鼎立，卻唯有貝佐斯得到全球性規模的成功理由。本書追溯他的成功軌跡，讓讀者一窺背後謎團的片鱗半爪。

煩惱

為什麼只有Amazon
能在網路黎明期獲得莫大的機會呢……？

解答

競爭對手皆是實驗性地嘗試透過網路賣書，但貝佐斯相信它的可能性，一開始便不遺餘力投入。看清與眾不同的未來願景，正是帶領貝佐斯走向莫大勝利的背後原因。

這個戰略的Point

① 大膽卓越的前瞻性與預先投資人才

（貝佐斯透過下列方式，仿效錄用傑出學生的大衛・蕭（David Shaw）營運公司的手法）「在創立Amazon時，貝佐斯採納多項大衛・蕭公司的經營手法，模仿他任用員工的方式。」、「貝佐斯曾任職於大衛・蕭的公司，該公司會在開創新事業時抱注精銳部隊，且貝佐斯很看重該公司藉此贏得的成果。」

② Amazon販賣的東西，不是「物品」

「我們不靠販賣物品賺錢。我們在顧客購物時，提供判斷協助來營利。」

③ 將電子書視為破壞式創新

「你的工作，就是要擊垮過往以來的既有產業。希望你能抱持著從所有販賣實體書的人手中搶走工作的這種覺悟去努力。」

大膽卓越的前瞻性與預先投資人才

在產業萌芽之前，
就竭盡全力網羅最優秀的人才。

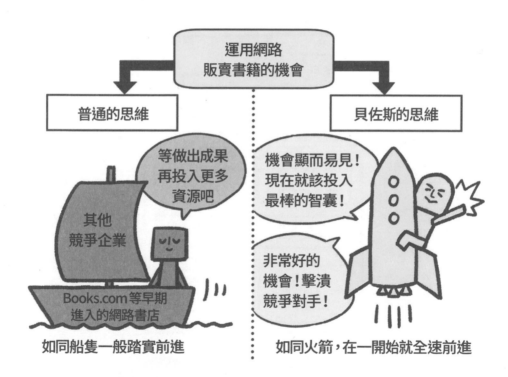

運用網路
販賣書籍的機會

普通的思維　　　　　　　　貝佐斯的思維

等做出成果
再投入更多
資源吧

機會顯而易見！
現在就該投入
最棒的智囊！

其他
競爭企業

非常好的
機會！擊潰
競爭對手！

Books.com 等早期
進入的網路書店

如同船隻一般踏實前進　　　如同火箭，在一開始就全速前進

貝佐斯一開始就打算將 Amazon 規劃為「電商之王」（什麼都賣的店）。
但是，他精明的地方就在於先將目標設為「書籍百貨店」。

當感覺到「就是這個！」的生意機會時就不要猶豫，全力
衝刺。

實踐

Amazon 販賣的東西
不是「物品」

不靠販賣物品賺錢的概念造就出的成功。

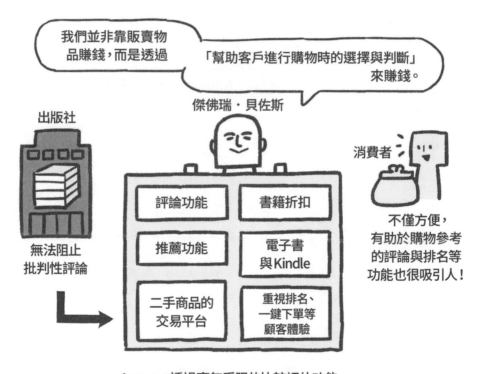

我們並非靠販賣物品賺錢,而是透過

「幫助客戶進行購物時的選擇與判斷」來賺錢。

傑佛瑞・貝佐斯

出版社

無法阻止
批判性評論

評論功能	書籍折扣
推薦功能	電子書與Kindle
二手商品的交易平台	重視排名、一鍵下單等顧客體驗

消費者

不僅方便,
有助於購物參考
的評論與排名等
功能也很吸引人!

Amazon 透過毫無受限的比較評估功能,
掌握比出版社更大的影響力。
就連負面評論也能成為「商品力」。

實踐

如果用販賣物品的思維,就會優先考慮進貨來源。若是從
幫助顧客進行判斷的方向思考,就能以第三者的立場嚴格
把關一切,得到追求全新目標的效益。

Strategy

18

傑佛瑞·貝佐斯

將電子書視為破壞式創新

鑽研名著《創新的兩難》，
用 Kindle 挑戰破壞式創新。

消費者會看中過往
實體書無法實現的使用
環境與用途，進而購買！

具有奪走所有
販賣實體書的人的
工作潛力！

傑佛瑞·貝佐斯

創新的兩難

Kindle

克雷頓·克里斯汀生
教授的世界名著

貝佐斯想到「電子書能夠進行破壞式創新」並且展開行動。

該項技術能夠改變過往礙於物理限制而不能購買的條件。
只要理解破壞式創新的定義，便能夠鎖定目標展開行動。

實踐

Strategy

5

第 章

實踐
的
戰略

雖然戰略論發展成熟，

許多理論也隨之問世，

但光是紙上談兵沒有任何意義。

本章將介紹

「與實際行動緊密關聯的的實行戰略」。

Strategy 19

對偏離現實的戰略論投以懷疑的目光！

明茲伯格策略管理

Strategy safari

戰略理論
雖然分為許多流派，
但它們都只有一部分
是正確的。

構想者

亨利‧明茲伯格（Henry Mintzberg）是加拿大麥克基爾大學的MBA教授。他以世界性的經營思想家身分廣為人知，透過對古典戰略論提出質疑，引起了全新的議論。

內容

《明茲伯格策略管理》（*Strategy Safari:A Guide Tour through the Wilds of Strategic Management*）一書是由明茲伯格、布魯斯‧亞斯蘭（Bruce Ahlstrand）、約瑟夫‧藍佩爾（Joseph Lampel）合著，全12章。第一章是〈策略巡獵的目的與組成〉，接下來至第11章為止則是說明並批判各流派戰略。他在第12章〈全新的展望〉闡述綜觀大局得到的結論。

形成經過

明茲伯格綜觀十個流派的戰略論，並個別分析它們的用途。本書指出，各個流派都傾向擷取本身能夠分析或是自認理解的部分現實，並將此視為「一切」。

明茲伯格策略管理

煩惱

戰略論有著眾多流派……
到底要相信哪項主張才好？

解答

戰略論各個流派都只看到對自己有利的部分，才會有不同主張。但在企業經營之中，全面性的結果就是一切，因此應該綜合性地看待各流派的主張！

這個戰略的Point

① 分出十個戰略的優點與缺點

「第六個男人將手伸向大象，立刻抓住搖來晃去的尾巴，如此說道：『原來如此，大象就像繩子一樣嘛！』」

② 將戰略大略區分為「5P」

「戰略是計畫（Plan）、是模式（Pattern）、是定位（Position）、是展望（Perspective），同時也是策略（Ploy）。」

③ 若不展開行動，就無法讓真正的戰略浮出水面

「最初是不可能將一切事物都化為數據的，在實際開始前，戰略幾乎不可能以完美的計畫形式呈現。相反地，現實中是先藉由戰略而採取行動，再透過行動讓真正有效的戰略的具體形象浮出水面。」

分出十個戰略的
優點與缺點

戰略論的差別就像盲人摸象，
都只看到「一個面向」。

因為個別關注的戰略重點不同，才會分門派。若是能理解各流派的差異，便能更有效地運用。

這個戰略的
POINT2

將戰略大略區分為「5P」

戰略可以大略分作5P。

①計畫 (Plan)：規畫

真是完美的計畫！

訂立計畫就是戰略

②模式 (Pattern)：
能反覆實現的成功

那就是成功案例！

在實行過的事情當中，
順利成功的行動便是戰略

③定位 (Position)：場所

辦到了！

市場中的定位就是戰略

④展望 (Perspective)：預測

我看見了！

使用某種架構預測未來便是戰略

⑤策略 (Ploy)：謀略

我打算在國內開設1000間店喔。想要被我收購嗎？

呵呵呵，其實是騙你的！

已經不行了。雖然價錢低廉但也只能被收購……

實踐

光是粗略區分就能將戰略分為五類。請弄清事前計畫的戰略以及在試錯之中萌生的戰略兩者之間的差異。

若不展開行動，就無法讓真正的戰略浮出水面

先用戰略讓行動起步，
再透過行動引導出傑出的戰略。

有效的開始

戰略論　戰略論

戰略能告訴我們，
在開始行動時，應關注並致力於
市場、定位、顧客或機會的哪個
面向比較妥當。

這個失敗了

這和現場情況不同

漸漸步上軌道囉！

存在著別的問題

與自家公司最合拍的戰略

分析對產生戰略無濟於事。
管理者應該正眼面對整體的成果

明茲伯格

出現豐碩的成果了！

最短路徑邁向理想終點

實踐　在開始行動時，有些戰略能告訴我們應著眼於何處。相對地，當然也有些戰略是要透過行動才能察覺。

追逐「成功的足跡」!

20

沒有做出成績，
是因為缺乏能傳授實踐方法的領導者

經營即「執行」

Management is "execution"

> 「執行」
> 才是領導者
> 最重要的工作！

構想者

《執行力：沒有執行力，哪有競爭力》（*Execution: The Discipline of Getting Things Done*）一書由賴利・包熙迪（Larry Bossidy）、瑞姆・夏藍（Ram Charan）及查爾斯・伯克（Charles Burck）合著。包熙迪曾擔任美國漢威聯合公司（Honeywell International）CEO，並以多家領頭企業經營者之姿活躍。瑞姆・夏藍則是以經營顧問身分指導美國多家著名企業，並在哈佛大學商學院任教。

形成經過

就連傑出的CEO，也會有無法提升企業業績而栽跟斗的經驗。就算訂立漂亮的戰略或目標，無法實行就沒有意義。兩位作者是比較諸多企業與經營手法的專家，而他們得出的答案為「執行就是經營」。

內容

《執行力：沒有執行力，哪有競爭力》是由三部組成。在這三部內容中介紹的三項核心流程是「人才流程」、「戰略流程」及「營運流程」。

煩惱

為什麼多數領導者都無法做出理想的結果呢⋯⋯？

解答

若是希望做出成果，就必須兼顧「琢磨點子或戰略」、「為了讓該項點子或戰略的目標成形，於是建立執行流程並確實追蹤」這兩件事！

這個戰略的Point

①「執行」是成功不可或缺的知識元素

「一般對於知識挑戰抱持的見解，其實只看到一半的事實。我們往往會忽略使點子成形並加以實證這項挑戰的艱難。」

② 領導者應該加速執行進度

「傑克・威爾許（Jack Welch）在奇異（GE）擔任 20 年 CEO。而就算到了最後一年，他仍花費一整週針對各部門進行一日十小時的業務計畫商議，並積極參與意見交換。就算辭任將近，他也沒有退居二線，而是透過積極參與來領導眾人。」

③ 透過「人才」、「戰略」、「營運」的流程來執行

「這三項流程，就是攸關執行重要事項時不可或缺的關鍵（中略）。具有執行力的企業，都會嚴密地徹底探究這些流程。」

「執行」是成功
不可或缺的知識元素

若要達成目標，就必須理解兩項知識元素。

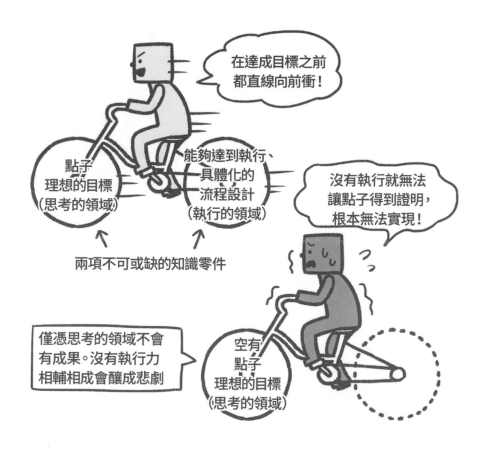

在達成目標之前
都直線向前衝！

點子
理想的目標
（思考的領域）

能夠達到執行、
具體化的
流程設計
（執行的領域）

兩項不可或缺的知識零件

沒有執行就無法
讓點子得到證明，
根本無法實現！

僅憑思考的領域不會
有成果。沒有執行力
相輔相成會釀成悲劇

空有
點子
理想的目標
（思考的領域）

實踐

畫餅充飢也無濟於事。同樣地，商務和人生都不只有思考
的領域，必須有充分執行的領域才有辦法成功。

領導者應該
加速「執行」進度

領導者的工作並非單純管理，而是「統御」。

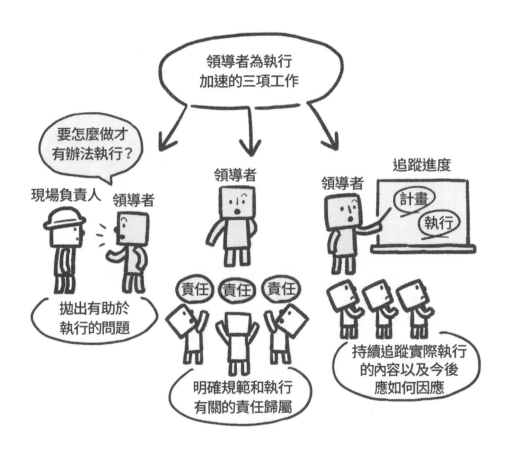

領導者為執行
加速的三項工作

要怎麼做才
有辦法執行？

現場負責人　領導者

領導者

領導者

追蹤進度

計畫

執行

責任　責任　責任

拋出有助於
執行的問題

明確規範和執行
有關的責任歸屬

持續追蹤實際執行
的內容以及今後
應如何因應

假想自己就是領導者，並無時無刻自問：「為了加快屬下執行的腳步，該怎麼做才好呢？」

實踐

透過「人才」、「戰略」、「營運」的流程來執行

若要提升成果，
就必須理解並親自主導三項流程。

為了主導流程而該做的四項行動

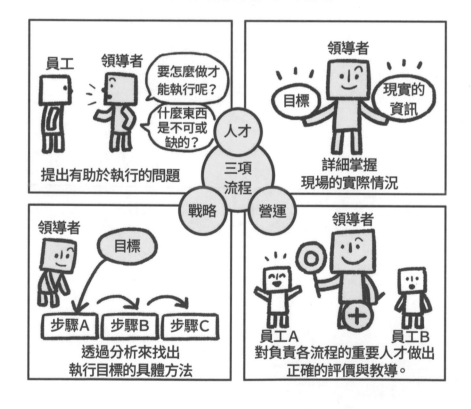

員工　領導者
要怎麼做才
能執行呢？
什麼東西
是不可或
缺的？
提出有助於執行的問題

領導者
目標　　現實的
資訊
詳細掌握
現場的實際情況

人才
三項
流程
戰略　營運

領導者
目標
步驟A　步驟B　步驟C
透過分析來找出
執行目標的具體方法

領導者
員工A　　員工B
對負責各流程的重要人才做出
正確的評價與教導。

實踐

領導者應該在組織內部創造出「讓執行變簡單的機制」，
透過確切的執行力讓組織成果脫穎而出。

只要改善三項要素，就能讓成果最大化

葛洛夫給經理人的第一課

High output management

構想者

作者安德魯・葛洛夫（Andrew Grove）在1936年出生於匈牙利，1956年移居美國。他自1998年起擔任美國英特爾CEO，成為世界知名的經營者。為了對抗日本企業發起的記憶體傾銷攻勢，他大膽轉型開發微處理器並取得成功。於2016年逝世。

內容

《葛洛夫給經理人的第一課》（*High Output Management*）一書由導論及全四部的內容組成。其中內容包含第二部〈經營管理是團隊遊戲〉、第三部〈團隊之中的團隊〉等。

經理人的工作，就是讓屬下與組織的產出提升到極致！

形成經過

葛洛夫創立英特爾（Intel）並成為CEO，並將該公司培育為世界一流的企業。藉由這些經驗，他以「任職於該企業的所有人皆從事某種生產活動」的視角，描繪出讓全公司生產性優化的洞見。他從組織、管理、屬下這三項要素，分析什麼樣的經理人才能達到最佳成果，並強調中階經理的重要性與扮演角色。

煩惱

要怎麼做才能將組織成果發揮至極致呢……？

解答

為了強化組織，最重要的三點就是「①妥當地維持組織結構」、「②有效率地讓經理人發揮功用」、「③將屬下的能力激發至最大限度」！

這個戰略的Point

① 結合「知識的力量」與「地位的力量」

「在我們從事的商業行為之中，每天都需要結合握有知識力量與握有地位力量的人。」

② 經理人應該瞭解「自己工作的定義」

「經理人的產出，就是自身所處的組織產出，以及自身影響力所及的周遭各組織的產出。」

③ 透過「訓練」與「激發意願」來引發屬下的能力

「若是將職場想成競技場，就能將屬下想成是挑戰能力極限的『運動選手』，這就是讓團隊成為永遠贏家的關鍵。」

這個戰略的
POINT1

結合「知識的力量」與「地位的力量」

追求並持之以恆地維持適當的組織結構。

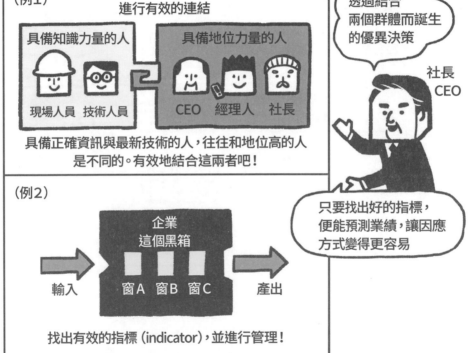

（例1）

進行有效的連結

具備知識力量的人	具備地位力量的人
現場人員　技術人員	CEO　經理人　社長

具備正確資訊與最新技術的人，往往和地位高的人是不同的。有效地結合這兩者吧！

透過結合兩個群體而誕生的優異決策

社長
CEO

（例2）

企業
這個黑箱

輸入 → 窗A 窗B 窗C → 產出

只要找出好的指標，便能預測業績，讓因應方式變得更容易

找出有效的指標（indicator），並進行管理！

在大多數的組織當中，具有知識力量與地位力量的都是不同人。愈是能有效地結合兩者，愈能創造出成果。

實踐

經理人應該瞭解
「自己工作的定義」

經理人的產出定義與三項武器。

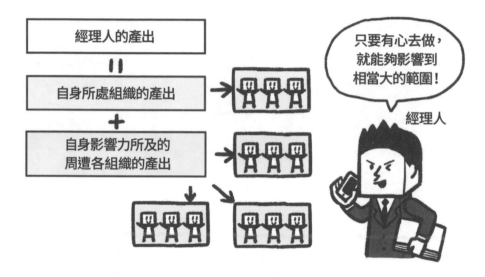

經理人的產出

＝

自身所處組織的產出

＋

自身影響力所及的
周遭各組織的產出

只要有心去做，
就能夠影響到
相當大的範圍！

經理人

經理人若要產生良性的影響力，就需要收集、提供有效的資訊

武器① 會議	武器② 決策	武器③ 規畫
提供資訊或訣竅、透過商量解決問題	愈能擁有有效的決策方法，成果就會愈可觀	為了明日的產出，就該看清今日該採取的行動

實踐

經理人工作的成果大小，取決於他能對多大的範圍帶來正面影響。試著嫻熟運用三項武器，藉此提升產出吧。

透過「訓練」與「激發意願」來引發屬下的能力

讓屬下的產出最大化的兩項觀點。

經理人若要提升業績，
關鍵就在於屬下的「訓練」與「意願」。

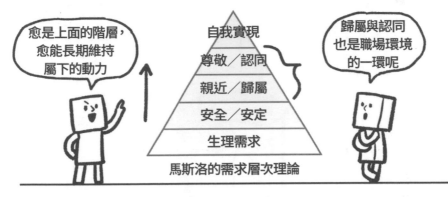

愈是上面的階層，愈能長期維持屬下的動力

歸屬與認同也是職場環境的一環呢

自我實現
尊敬／認同
親近／歸屬
安全／安定
生理需求

馬斯洛的需求層次理論

經理人會依照對方的任務熟練度而採取不同因應方式

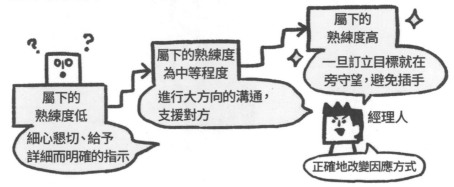

屬下的熟練度低
細心懇切、給予詳細而明確的指示

屬下的熟練度為中等程度
進行大方向的溝通，支援對方

屬下的熟練度高
一旦訂立目標就在旁守望，避免插手

經理人

正確地改變因應方式

當動機的層級提升時，屬下便會自發性地追求最佳的成果。設計正確的步驟，藉此幫助屬下吧。

實踐

Strategy

22

讓組織能夠將人的潛力解放至最大極限

青色組織
Teal organization

「人的創造力」
與「工作的喜悅」
是能兼顧的！

構想者

作者弗雷德里克·萊盧（Frederic Laloux）出生於1969年，自法國歐洲工商管理學院取得MBA學位。他曾在麥肯錫工作15年，其後以執行顧問的身分自立門戶。著作《重塑組織》（Reinventing Organizations）2018年時在全球累積銷售35萬冊以上，是世界的暢銷書。

形成經過

本書是從「現在（過去）組織模型的極限」的觀點展開議論。書中提倡脫離商業行為中典型的階層組織結構，也就是透過擺脫壓抑人類自主性與創造力的既有組織型態，讓眾人都能獲得具有全新可能性的「進化型（青色）組織」。

內容

《重塑組織》一書是由三部組成。原書名Reinventing Organizations具有「重新發明組織」或「構思全新的組織」之意。

煩惱

就算改變既有組織管理，讓組織煥然一新，
這樣真的就能提升成果嗎……？

解答

只要兼顧讓組織參加者全員都認同的「存在意義」，
以及能有效自主運作「組織規定」這兩項條件，
就能提升成果！

這個戰略的Point

① 過去的組織型態存在三個弱點

「追隨階層典範（琥珀色）行動的人，會將維持秩序與沿襲前例看得比什麼都重要」、
「若是只有抵達頂點的人生才會成功，我們便是在人生之中尋找空虛感」（達成型
（橘色）組織）、「我們在家庭面前呈現的本性，未必都是良善面。」

② 目標是能解放自然需求的「青色組織」

「青色組織是提供員工朝氣蓬勃的環境，給予高於行情的酬勞，每年持續成長，
大幅提升淨利率。」、「更重要的是，它是能讓自家公司的崇高存在目的實現於世
的媒介。」

③ 只要上司願意拋下自我，就能讓屬下發揮最大的熱忱

「休假結束後，眾多經理人針對佐布利斯特（Jean-François Zobrist）表示強烈不滿：
現在失去糖果與鞭子，我們該怎麼做才能統御勞動者呢？」、「佐布利斯特宣稱，（中
略）應自主經營團隊。」

過去的組織型態
存在三個弱點

過去三種組織的優點與缺點。

分類	優點、特徵	缺點
階層型組織 （琥珀色） 金字塔型階層構造。	便於維持秩序。 堅固的金字塔。 能讓大型組織保持穩定。	把人限制在其扮演的角色之中。強調歸屬感而造成恐懼、不安。
達成型組織 （橘色） 目標是在競爭之中勝出、利益與成長。	一切皆是追求效能。 目標便是成功。 能比喻為機械的組織。	為了成功而成功。若把飛黃騰達視為唯一成功，便會徒增空虛。虛構出的需求存有危險性。
多元型組織 （青色） 文化與權限委任。 共享存在目的。	重視價值觀。 偏好由下而上的流程。 能比喻為家庭的組織。	家族主義反而會對個人造成壓抑。以人為本反而會感到拘束。

進化

進化

各個組織和結構
都是既有優點，
也有缺點呢。

人類思想的進化，
也和組織發展程
度相對應呢。

實踐 在青色組織之前的組織，都是透過控制，將人類欲求的一
小部分當作工作的原動力而已。應以釋放人的所有能量來
產生最好的成果。

目標是能解放自然需求的「青色組織」

進化型組織的領導者，
會將如同「生物」的組織視為理想的形象。

進化型組織的三項突破口

自律經營	整體性	存在目的
就算是大型組織，進行決定的也不是領導者，而是團隊。	職場不只是發揮部分自身能力的地方，而是能如實展現自我的場所。	組織本身所抱持的生命根源與方向感。

團隊本質上是成員自主編制的自律組織	家族主義著重於人類的家庭面相，否定個人不同於整體的地方。而青色組織能打造出讓個人安心展現自己的一切的場所。	良好的存在目的並非靠壓抑，而是運用共鳴打動他人。

青色組織能解放人、
組織、社會的三大欲求，
並將它們轉化為能量！

實踐

集團之中具有既有的欲求，社會之中具有應朝向的目標，
人類也有各自的想法。同時解放三者，就能引發最大的力量。

只要上司願意拋下自我，就能讓屬下發揮最大的熱忱

領導者或管理階層拋下自我
換來的力量最為強勁。

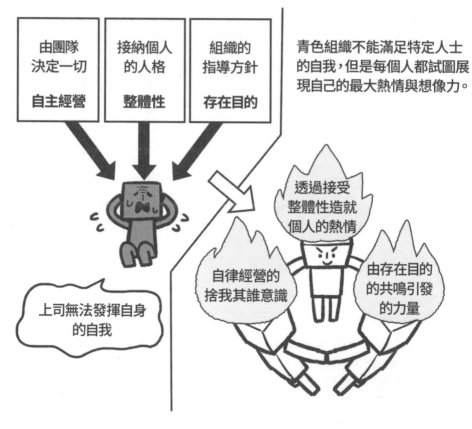

| 由團隊決定一切 **自主經營** | 接納個人的人格 **整體性** | 組織的指導方針 **存在目的** |

青色組織不能滿足特定人士的自我，但是每個人都試圖展現自己的最大熱情與想像力。

透過接受整體性造就個人的熱情

自律經營的捨我其誰意識

由存在目的的共鳴引發的力量

上司無法發揮自身的自我

實踐

青色組織無法讓上司發揮自身的自我。這是因為透過控制或壓抑讓人行動，與青色組織的做法背道而馳。

中階管理階層
會是關鍵人物喲

Strategy

第 **6** 章

創新
的
戰略

隨著時代變遷，若是戰術一如既往
便會逐漸陷入膠著狀態。
我們必須因應情況
對既有的思考方式或方法做出改變。
本章將解說能引起巨大變革的
「創新的戰略」。

Strategy

23

將組織外部的體驗引進內部以推動變革

知識創造企業

Knowledge creation company

日本企業的創新，
就是仰賴知識創造
的法則！

形成經過

截至1980年代為止，日本企業的發展廣受全世界矚目。為什麼那個時代的日本企業能夠接連開發暢銷商品呢？本書透過日本式的知識創造法則，解說創新成功的理由。

構想者

《創造知識的企業》是野中郁次郎和竹內弘高合著。野中是一橋大學的榮譽教授，他被視為知識經營之父，名聲享譽全球。竹內也是一橋大學的榮譽教授、哈佛大學商學院教授，並曾歷任企業的獨立董事。

內容

《創造知識的企業》一書全八章，大略能分為三個部分。第一部分是關於「知識與經營」的考察，第二部分是「組織性的知識創造理論與實例」，第三部分是「關於促成知識創造的管理、組織構造的分析」。

煩惱

該怎麼做才能讓企業的成長超脫一時的風潮，
持續穩定創新呢？

解答

定期接觸企業外的現實面，藉由體驗讓思維產生飛躍性的進展。緊接著，有系統地擺脫過去的成功經驗（過時知識）！

這個戰略的Point

① **有計畫地讓成員體驗「組織外部」**

「日本企業連續性創新的特徵，就是和外部知識進行連結。」

② **若無法脫離過時知識就會導致企業滅亡**

三項重點在於「1.能帶來飛躍性方向的概念創造」、「2.先實際體驗再從事議論」、「3.使用能讓事物更具體的比喻」。

③ **運用類推半自動地拓展想法**

「如同本田技研（Honda）的渡邊所言：『只要做出產品概念，就相當於完成一半了。』」

計畫性地讓成員
體驗「組織外部」

為了發現新的成功方程式，
應讓成員「體驗」組織外部的現實。

執著於公司內部過時成功方法的對內型組織

思考方式已過時！

透過接觸公司外部的體驗，藉此發現新的成功方法

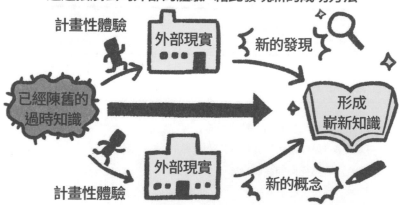

過去曾經成功的組織，容易只將注意看向內部。有計畫地
讓員工體驗「公司外部」，便有可能獲得嶄新的成功法則。

這個戰略的
POINT2

若無法脫離過時知識 就會導致企業滅亡

活用有效釣鉤，脫離過時知識。

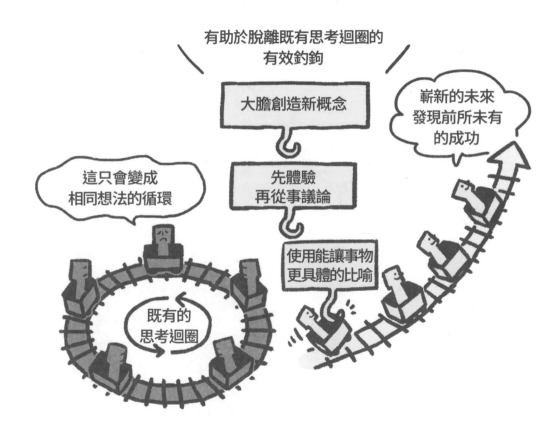

有助於脫離既有思考迴圈的
有效釣鉤

大膽創造新概念

先體驗
再從事議論

使用能讓事物
更具體的比喻

嶄新的未來
發現前所未有
的成功

這只會變成
相同想法的循環

既有的
思考迴圈

與其試圖脫離過時的成功法則，更重要的是用有效的釣鉤
進行議論，這麼一來就能自動獲得全新的想法了。

實踐

運用類推
半自動地拓展想法

比喻或類推能夠有效
創造出全新的想法或概念。

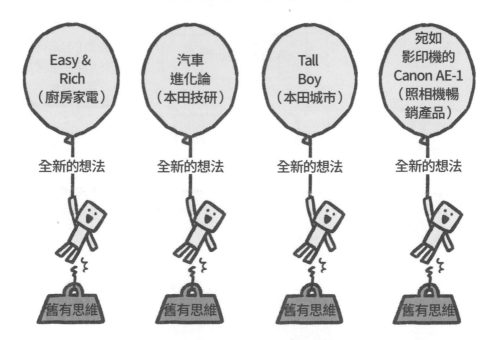

● 比喻（隱喻）　　● 類推（類比）

Easy & Rich（廚房家電）	汽車進化論（本田技研）	Tall Boy（本田城市）	宛如影印機的 Canon AE-1（照相機暢銷產品）
全新的想法	全新的想法	全新的想法	全新的想法
舊有思維	舊有思維	舊有思維	舊有思維

運用大膽的概念讓思維活躍，
並透過外界現實中的體驗，進行篩選的循環。

 實踐 某些種類的比喻（隱喻），能大幅拓展想像空間。試著透過賦予團隊大膽的概念，活躍思維吧。

成果伴隨對市場握有的「領導力」而來

彼得・杜拉克

Peter F.Drucker

構想者

彼得・杜拉克是知名的經營哲學家,於1909年出生於奧地利,1933年移居至英國,其後赴美,長年在克拉蒙特管理研究所擔任教授。遺留下多數以管理為主的著作。

內容

《成效管理》一書是由三部組成。內容分別是第一部〈理解事業究竟為何物〉、第二部〈聚焦機會〉、第三部〈提升事業的業績〉。本書針對能提升利益的行動與會造成成本的行動進行分類,並犀利點出有什麼事情該做、什麼事情則是應該避免。

> 別將資源投入問題,而是應該投入機會!

形成經過

《成效管理》的英文書名是 *Managing for Results*。〈前言〉指出,這是「全世界第一本介紹事業戰略的書籍」。書中分析並點出企業若要提升經濟層面的成果,應該在何處著力。

煩惱

若要提升企業的成果，
有什麼應致力和應避免的事呢？

解答

只要分析「能帶來業績的領域」，進行「成本結構分析」、「市場分析」、「知識分析」，就能得知應該致力或避免的事！

這個戰略的Point

① 從四個面向分析來理解自家公司

「透過統合並使用這四項分析，企業管理才有辦法理解自家公司，並進行診斷與找出定位方向。」

② 獲得業界的領導地位

「成果並非單純取決於手腕，也需要依賴在市場中的領導地位。」、「透過市占率判斷領導地位的既有方法其實是錯誤的。在許多案例中，市占率最大的企業，其淨利率卻遠遠不及較小的競爭對手。」

③「設為理想目標的企業」、「人才」與「機會」是事業成功的關鍵

「我們需要將幾乎無止盡的目標，減少至能夠管理掌控的數量。並將稀少的資源集中在最大的機會與成果之上，且設法將篩選出的目標臻於完美。」

這個戰略的
POINT 1

從四個面向分析
來理解自家公司

透過四項分析
理解自家公司，並進行診斷與找出定位方向。

增進對自家公司理解的「四項分析」

① 帶來業績的領域
- 製品、市場、物流三項途徑
- 有將資源運用於能帶來利益的活動嗎？

② 成本中心與成本結構的分析
- 成本管理三原則
  1 最大的成本
  2 依據種類進行管理
  3 中斷從事的活動

該從哪項分析開始呢？

③ 行銷分析
- 就算從賣方眼中看來並不合理，但顧客實際上會採取合理的行動

④ 知識分析
- 自家公司擅長的是什麼？
- 有將知識集中在能提升成果的領域嗎？

四項分析能告訴自家公司的行動是否具有適當的焦點。我們應定期確認自己是否有集中於能孕育出成果的行動之上。

實踐

獲得業界的領導地位

孕育利益的關鍵並非市占率，而是領導地位。

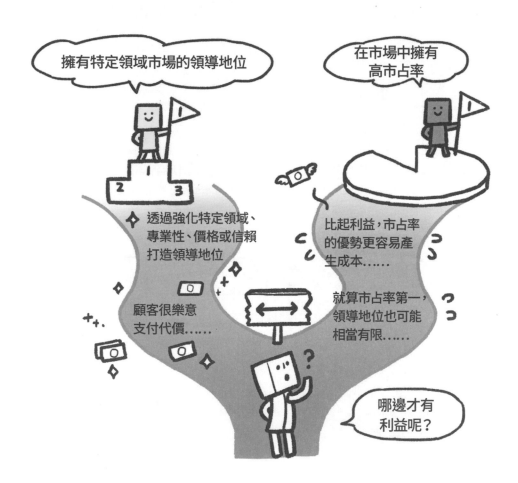

擁有特定領域市場的領導地位

在市場中擁有高市占率

透過強化特定領域、專業性、價格或信賴打造領導地位

比起利益，市占率的優勢更容易產生成本⋯⋯

顧客很樂意支付代價⋯⋯

就算市占率第一，領導地位也可能相當有限⋯⋯

哪邊才有利益呢？

實踐 利益來自於讓顧客願意選擇自家公司製品，而非其他公司的。如果將市占率設為目標，反而容易失焦。

Strategy

24

彼得・杜拉克

「設為理想目標的企業」、「人才」與「機會」是事業成功的關鍵

透過三項有保障的手段，讓事業得以成功。

起步時先採用
理想企業的模型

（例）
改變汽車廠商理想
姿態的通用汽車(GM)

嘗試充分利用人才

（例）
羅斯柴爾德家族
（Rothschild）
的子孫與一族的成功

嘗試讓機會最大化

（例）
西門子 (Seimens) 的
電力產業與愛迪生
(Edison) 的電力公司

在諸多手段之中，這三項方法的成功率最高！

有些類型的計畫不容易失敗：這三個選項都是讓事業成功
的基本手段，實際的成功案例也很多。

「停滯不前的企業」與
「能夠邁向下一階段的企業」的分歧點

創新者的解答
Solution to innovation

大企業
也能實行
破壞式創新！

形成經過

克里斯汀生的前一本著作《創新的兩難》甚至對 Amazon 創辦人貝佐斯造成莫大的影響，其內容指出破壞式創新有可能取代績優企業的地位。本書針對計畫和打造破壞式創新的方式，做相關的分析與解說。

構想者

《創新者的解答：掌握破壞性創新的 9 大關鍵決策》（*The Innovator's Solution: Creating and Sustaining Successful Growth*）一書由克雷頓・克里斯汀生與邁可・雷諾（Michael E. Raynor）合著。克里斯汀生是哈佛商學院教授，並著有《創新的兩難》，本書是該書的續作。

內容

全十章。內容為第一章〈成長的魔咒〉、第二章〈如何打敗最強競爭者？〉、第三章〈顧客想完成什麼任務？〉、第四章〈誰是產品的最佳顧客？〉、第五章〈什麼該外包、什麼該自己做？〉等。

煩惱

為什麼大企業或績優企業，
反而會無法從事破壞式創新呢？

解答

↓

這是因為愈是龐大的企業，愈會受到既有顧客的上層市場魅力吸引。新興企業則是會先從低階市場或新市場著手，再逐步侵蝕上層市場，因此非常擅於破壞式創新！

這個戰略的Point

① 企業舊有的思維體系會阻礙創新

「舊有的中間管理階層，會要求根據制度運用具有公信力的數據，印證各個主意的市場規模或潛在成長性。」

② 破壞式創新能點燃市場的火花

「破壞式創新並非嘗試提供已確立市場的既有顧客更好的產品。」、「相較於當前在業界具有領導地位的企業在持續性創新中十拿九穩，新進企業則是在破壞性創新之中具有壓倒性的勝算。」

③ 勝利的關鍵在於牽動全新顧客的力量

「當顧客注意到必須解決某事時，就會為了解決該要事而拚命找尋能夠『採用』的產品或服務。」、「釐清顧客處境的企業，就能夠一如所料地採用適當產品而成功。」

這個戰略的 POINT 1

企業舊有的思維體系
會阻礙創新

阻礙破壞式創新的，
正是企業舊有的思維體系。

大企業的內部篩選流程壓力

前例呢？

市場規模呢？

能賣給既有客戶嗎？

要被拉向
模仿式創新了！

業界領頭企業會掉入的陷阱（動機的非對稱性）

進入很輕鬆，
也有機會

下層市場與新市
場嚐不到甜頭

大企業

上市市場
高階製品
高利益

死胡同

新創企業

破壞者喜歡的
新市場

破壞者喜歡的
低階市場

去這邊吧！
畢竟目標物
比較有魅力

新創企業

機會來了！要從低階
市場開始逆轉囉！

實踐

將重心轉移至高價格、高品質的製品，就有可能誤入死胡
同，應該著眼於新市場或低階市場才對。

破壞式創新
能點燃市場的火花

通往增長型事業的「三種途徑」。

持續性創新	低階型 破壞式創新	新市場型 破壞式創新
要求嚴苛 因應顧客需求 提升性能	在低階市場 打造出足夠的性能	過去因價格或能力 等關係而未購買 者的市場

上層市場雖然很吸引人，但有可能碰到死胡同！

長遠來看，兩種破壞型創新具有讓市場煥然改變的潛力！

低價格或低階市場有可能隨著販賣量的增加，進而使性能提升，最終成為吞噬整個市場的創新手段。

實踐

勝利的關鍵在於牽動全新顧客的力量

關注於顧客想解決的要事！

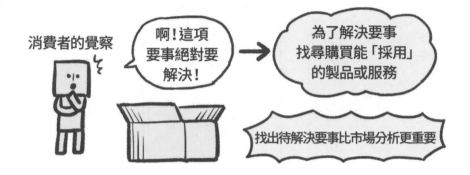

消費者的覺察

啊！這項要事絕對要解決！

→ 為了解決要事找尋購買能「採用」的製品或服務

找出待解決要事比市場分析更重要

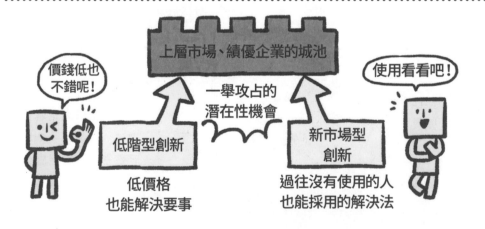

價錢低也不錯呢！

上層市場、績優企業的城池

一舉攻占的潛在性機會

使用看看吧！

低階型創新

低價格也能解決要事

新市場型創新

過往沒有使用的人也能採用的解決法

實踐

顧客想要的並非是某項商品，而是能解決他們需求的事物。若是其他事物能取代這項需求，既有商品自然無法留住顧客。

Column

創新就是爆發！

處於獨占的局面，才是利益的泉源

從0到1
ZERO to ONE

有計畫地攻占
小規模市場，
獲得獨占的利益吧！

形成經過

《從0到1：打開世界運作的未知祕密，在意想不到之處發現價值》（*Zero to One*）一書是彼得·提爾（Peter Thiel）與布雷克·馬斯特（Blake Masters）的共同著作。提爾於2012年在史丹佛大學開設的創業課程，便是本書的雛形。他告訴學生，既有的工作之外存在著莫大的可能性，並親自增修授課內容完成本書。

構想者

彼得·提爾於1998年創立支付服務平台Paypal，於2002年以15億美元的價格將公司賣給eBay。他同時以投資家的身分享譽全球，也是Facebook最早的外部投資人，從事尖端新創企業的投資。

內容

《從0到1》一書由14章組成。其內容為第一章〈我們能開創未來嗎？〉、第四章〈作為意識型態的競爭〉、第五章〈後發優勢〉、第十章〈組織的幫派文化〉、第14章〈創業家無可取代的特質〉等。

煩惱

為什麼在無數的新創企業之中，
只有極少數的企業能取得莫大成功呢？

解答

一開始先把目標放在小規模市場，成功「獨占」
並得到利益後再擴大規模，是獲得巨大成功的
必備條件！

這個戰略的Point

①「獨占」才能孕育利益

「沒有任何企業能夠在完全競爭的狀態下長期創造利益。」、「若要創造並獲得永續性價值，就不該從事未經差異化的大宗商品生意。」

② 要成為獨占企業，必須具備四項特徵

「1.專有技術（重要且不公開的卓越技術）」、「2.網路效應」、「3.具有讓規模經濟運作的機制」、「4.高明的品牌經營」。

③「先獨占再擴大」是基本原則

「先從接近最終勝負的局面學習。」、「即便你是最早的進入者，若是被競爭對手奪走地位就沒有意義。」、「最後能在特定市場壯大發展，並在之後數年或數十年享受獨占的利益是最理想的。」

「獨占」才能孕育利益

利益並非來自於競爭,而是獨占。

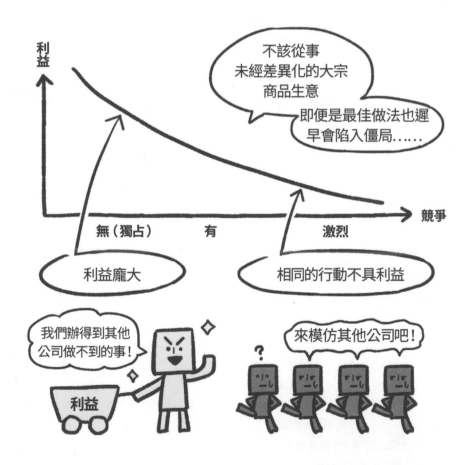

利益

不該從事
未經差異化的大宗
商品生意

即便是最佳做法也遲
早會陷入僵局……

競爭

無(獨占)　　　有　　　激烈

利益龐大

相同的行動不具利益

我們辦得到其他
公司做不到的事!

利益

來模仿其他公司吧!

?

實踐　就算實行容易,也不該從事任何人都可以做的生意,
因為利益永遠是源自獨占的地位。

要成為獨占企業，必須具備四項特徵

獨占企業具有四項特徵。

1.專有技術 擁有未公開的重要技術，鞏固自身優越性	**2.網路效應** 愈是增加利用者數量，便捷性就會愈高
3.規模經濟 愈是擴大規模，結構上固定成本的比例就會愈低	**4.品牌經營** 壟斷市場最好的方法，就是讓品牌得到認可。

獨占企業

想成為具有價值的企業，光是成長是不夠的，還必須設法持之以恆

實踐

實現有效獨占的企業都具有這四項基本的特徵，這四項特徵是能兼顧高利益與高成長的基礎。

「先獨占再擴大」 是基本原則

為了成長，就必須先設法獨占小市場。

將目標設為獨占小市場	成為大市場中的小蝦米

其他公司

自家公司

自家公司

其他公司

成功可能性高
的途徑

失敗可能性高
的途徑

支付服務平台 Paypal
就是將目標瞄準 eBay
才成功的

若是創業家將目標設為
1000 億美元市場中的 1%
公司就會經常亮紅燈

實踐 任何企業都無法在一開始獨占巨大市場。更理想的做法是
先將目標設為小市場並獨占，之後再擴大地位。

引發創新
改變市場！

Strategy

第 **7** 章

IT時代
的
戰略

科技的發展，

會讓握有實力人士的姿態產生鉅變。

當然，運用資訊科技的戰略

也會變為主流。

我們將在這一章介紹

新時代的「最新戰略」。

同時進行「深耕」與「探索」，便能造就繁榮

雙元管理

Ambidextrous management

同時進行
「深耕」與
「探索」！

構想者

《領導與顛覆：如何走出創新者的困境》（Lead and Disrupt: How to Solve the Innovator's Dilemma）是查爾斯・奧雷利（Charles A. O'Reilly）與邁克爾・圖許曼（Michael L. Tushman）的共同著作。奧雷利是史丹佛大學商學研究所教授，圖許曼是哈佛商學院教授。兩人都在創業界具有豐富的商務諮詢經驗。

形成經過

奧雷利等人有感於「為何處於成功的事業會難以引發變革？」而本書就是針對該項疑問的解答。書中透過多項事例與考察，研究出面臨變化的領導者該採取的行動。

內容

《領導與顛覆：如何走出創新者的困境》一書大略是由三章所組成。其內容分別是「1.基礎篇——在暴露於遭破壞風險的環境中領先」、「2.雙元管理實踐——解決創新的兩難」、「3.大幅成長——貫徹於雙元管理」。

煩惱

發展成熟的組織，是否能順應下個時代的變化呢？

解答

只要兼顧「深耕」與「探索」就辦得到。若是能以不
會形成壁壘的形式，將既有的組織資源投入於全
新事業，便有機會成為贏家！

這個戰略的Point

① 侷限於過去的思維就會變成輸家

「我們可以看出，最終百視達（Blockbuster）將資源投入於重要性銳減的賽局，妄圖
取勝。」、「由於它執著於底片或照片，才會無法從衰退市場中脫身。」

② 公司內部創業應活用大企業的資源

「雙元管理真正的優勢在於沒有新加入的競爭公司。又或者，由於這需要仰賴必須
從頭開發的資產或組織能力，因此新創企業能立於有利的起跑點。」

③ 領導者不應獨占功績，而是要將其當成「企業文化的力量」

「1.新創企業能活用大型組織的資產，進而獲得競爭優勢。」、「2.管理在新創事業
與發展成熟事業之間的中介橋梁，並解決其中產生的對立。」、「3.讓新創企業脫離
大型組織。」、「（弱點在於）該項成果往往不被視為流程下的產物，反而容易被視
為特定人士的努力。」

侷限於過去的思維
就會變成輸家

已經成功的企業會陷入成功的陷阱。

> 至今累積下來的東西
> 最重要！
> 畢竟這是我們
> 最擅長的事

> 數年後它
> 的市場可能會
> 消失喔？

即將在未來
失去重要性
的賽局

已成功的大企業

在式微的
市場中做生意

新技術與
嶄新的市場

舊有的技術與
過時的優勢

> 你不活用持
> 有的新技術
> 與新機會嗎？

無法放下成功經驗的企業，
會受限於過時思維，錯過成長的機會。

實踐

已成功的企業會因為沉醉於過去的榮耀，緊抓著本身已知
的生意不放。從結果來看，這會讓它們明明握有機會卻走
向衰頹。

公司內部創業
應活用大企業的資源

雙元管理真正的優勢，
在於既有資源的活用方式。

 錯誤的雙元管理

什麼嘛！沒有大企業資
源撐腰就一無是處。
完全不足為懼

孤身一人
無所適從！

你就自己
看著辦吧！

銷售力

技術力

資金力

其他新創企業　　公司內部新創　　大企業　　龐大的資源

正確的雙元管理

為了極盡可能地讓自家
公司資源發揮於新機會
上，試著做出調整吧！

天啊！這個新創握有
龐大企業的力量！

若不逃走就
會遭殃！

銷售力

技術力

資金力

大企業　　龐大的資源　　公司內部新創　　其他新創企業

雖然雙元管理是要兼顧深耕與探索，但它真正的優勢
其實在於將大企業的資源極盡可能地活用於新事業。

 實踐

領導者不應獨占功績，而是要將其當成「企業文化的力量」

雙元管理具有的「三項優勢」與「一個弱點」

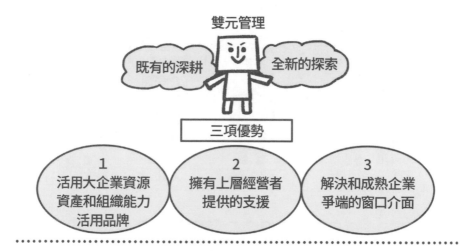

雙元管理

既有的深耕　　　全新的探索

三項優勢

1	2	3
活用大企業資源 資產和組織能力 活用品牌	擁有上層經營者 提供的支援	解決和成熟企業 爭端的窗口介面

弱點（危險性）

領導者資質　　　企業的文化和戰略

VS

雙元管理的成果，容易被誤解為是領導者個人的能力所致

實踐

雙元管理屬於應用公司資源從事戰略性整合的能力，卻常被誤認為領導者的個人資質。

推動凌駕於過往商業模型的力量

平台經濟模式

Platform Revolution

既有商務無法比擬的成長力＆破壞力！

構想者

《平台經濟模式：從啟動、獲利到成長的全方位攻略》（*Platform Revolution*）由美國MIT（麻省理工學院）的三名研究者傑弗瑞・帕克（Geoffrey Parker）、馬歇爾・范艾爾史泰恩（Marshall Van Alstyne）、桑吉・喬德利（Sangeet Paul Choudary）合著。桑吉是MIT平台戰略團隊的共同主持人，另外兩人則是MIT的數位商業中心客座研究員。

形成經過

本書提到平台經濟具備的成長潛力，表示它具有超越既有商務模式的破壞力，並針對其結構進行詳盡解說。此外，書中還提到推動平台經濟的主要原因、面對競爭的對策等戰略及實踐性的元素。

內容

本書全12章，書中彙整此領域最尖端研究者的洞見。

煩惱

希望成長能大幅凌駕於既有商務之上！！

解答

平台經濟之中完全沒有能束縛成長的枷鎖，因此能爆發性地成長！

這個戰略的Point

① 透過「四種型態」來孕育價值

「平台能擊潰既有管道，是因為它可以排除守門人並提高規模化效率。」、「那些過去尚未受人利用的潛在供給力，現在已被解放為共有資源，應極盡可能活用並派上用場。」

② 快速推動成長的「兩者相輔相成」

「Uber的情形，即是市場兩端的中介。也就是說，使用者會吸引司機，同時司機也會吸引使用者。」

③ 平台造成的影響會導致今後產業崩壞加劇

「筆者等人在平台造成的產業崩壞相關研究中，注意到特別容易受影響的特定產業特徵」：「資訊密集型產業」、「存在著無擴展性之守門人的產業」、「極度分散的產業」、「資訊過於不對稱的產業」。

這個戰略的
POINT1

透過「四種型態」來孕育價值

透過平台孕育出的四種型態的價值，
讓潛在的供給能量變成實際的供給源。

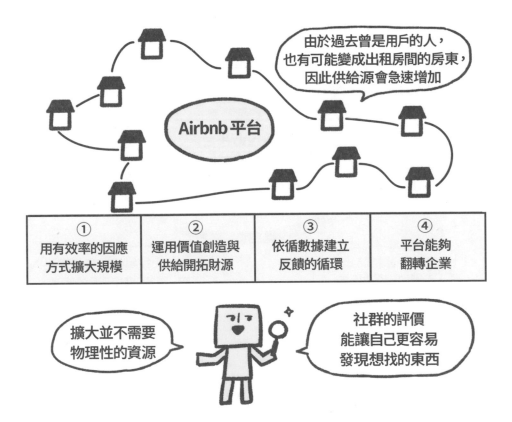

由於過去曾是用戶的人，
也有可能變成出租房間的房東，
因此供給源會急速增加

Airbnb平台

①	②	③	④
用有效率的因應方式擴大規模	運用價值創造與供給開拓財源	依循數據建立反饋的循環	平台能夠翻轉企業

擴大並不需要物理性的資源

社群的評價能讓自己更容易發現想找的東西

在增加參與者這點上，平台具有不需資本的重要優點。不需物理性資源就能擴大規模的優勢非常強大。

實踐

快速推動成長的
「兩者相輔相成」

透過「雙邊市場網路效應」，
讓加速成為另一邊加速的推手。

加速將孕育出下一項加速

**Airbnb平台
的情形**

提供住家
或房間的
房東增加

利用Airbnb
預約住宿
的人增加

一邊的人
增加，另一邊的
吸引力也會提升

而且擴大規模的部分僅限於
資訊，不需要物理性的資源，
因此能快速推動成長

實踐 若是平台的使用者增加，就能創造出賣家也變多的正向循
環，這稱作「雙邊網路效應」（two-sided network effect）。

這個戰略的
POINT 3

平台造成的影響會導致
今後產業崩壞加劇

平台很有可能帶來
下一波產業崩壞的浪潮。

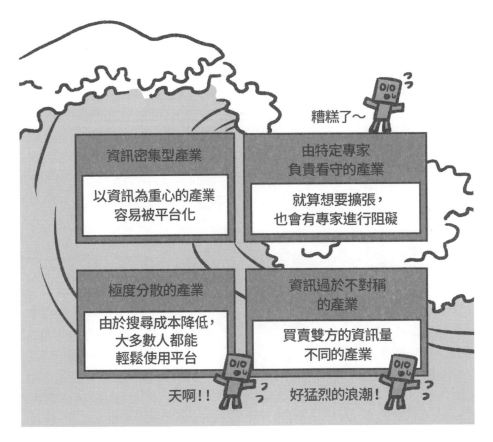

糟糕了～

資訊密集型產業	由特定專家 負責看守的產業
以資訊為重心的產業 容易被平台化	就算想要擴張， 也會有專家進行阻礙

極度分散的產業	資訊過於不對稱 的產業
由於搜尋成本降低， 大多數人都能 輕鬆使用平台	買賣雙方的資訊量 不同的產業

天啊！！　　好猛烈的浪潮！

實踐

今後平台經濟造成的影響會愈來愈廣泛。資訊不對稱與分散
等理所當然的過往光景，也會隨著時代變化而遭吞噬。

當嶄新資訊增加時，人的行為模式便會隨之改變

資訊的文明學
Information civilization

「資訊」比「物質」
還重要的時代要
來臨了！

構想者

梅棹忠夫出生於1920年，為京都大學榮譽教授、理學博士，在文化人類學、資訊學、未來學等領域留下諸多著作。日本國立民族學博物館的首任館長。2010年逝世。著作《資訊的文明學》於1988年首次出版。

形成經過

梅棹指出，資訊化社會將緊接著工業化社會而來。這項變化是從物質社會到資訊社會的轉變，並預言下個時代的特徵便是資訊產業的興起。

內容

《資訊的文明學》一書由〈前言〉及三部的內容組成。以下是各部重點內容的標題：第一部〈資訊產業論〉、〈迎向精神產業時代的預感〉，第二部〈重述資訊產業論〉、〈實踐性資訊產業論〉，第三部〈資訊的文明學〉、〈資訊的考現學〉等。

煩惱

資訊產業與資訊化社會究竟是什麼？
我們應針對什麼做出準備才好⋯⋯？

解答

由於前所未有的大數據等資訊的出現，人類的行為
模式也會不停地隨之改變，這就是所謂的資訊化
社會！

這個戰略的Point

① 資訊才是支配人類行動的力量

「我們人類會因為獲得某項資訊而決定接下來要採取的行動。資訊會對行動帶來影響。這就是資訊具有的實用性意義。」

② 人會經由「資訊」找到要購買的「物品」

「最近，消費者幾乎都會指定『某縣特定農協的越光米』。物流業者將這種現象稱作農產品的時尚化；簡而言之，這種現象就是資訊化或資訊產業化。」

③ 在嶄新資訊誕生的時代，人的行為會產生鉅變

在人會依照資訊行動的社會中，藉由全新型態資訊的產生，便能讓人們的行為產生鉅變。若是打造出全新的資訊形式，就足以影響社會形態。

資訊才是
支配人類行動的力量

若能控制人們接收的資訊，
就能控制人們的行動。

原來如此！
既然有這樣的資訊，
之後就選C吧

資訊

選項A

選項B

選項C

但是，要仰賴哪個資訊是由接收者決定的

這個沒有意義

這個很重要

資訊
A

在充斥於世上的資訊當中要選擇何者作為參考，取決於接收者。
若是接收的資訊遭到操弄，人的所作所為也會因此遭受誘導。

人會根據資訊去決定接下來的行動。因此，只要能提供有效資訊，就能吸引許多消費者做出行動。

人會經由「資訊」找到
要購買的「物品」

在現代，
「物品」都會以受到資訊化的形式被人購買。

米A　米B　米C　越光米
〇縣產
低農藥

在資訊時代之中，
就連購買農產品
也會仰賴資訊。

啊！
我想買這
邊的米！

在資訊化社會之中，實際發揮作用的是資訊，
物品則是被資訊牽引。

實踐

人們在使用網路購物時，不會實際接觸物品，而是憑藉資訊來決定是否購買。也就是說，人們是在購買「資訊」，實際的物品反而是在此之後才會發揮功用。

在嶄新資訊誕生的時代，
人的行動便會產生鉅變

前所未有的新資訊的產生，
會逐漸改變人們的生活模式。

A店
1200日圓

B店
1100日圓

C店
1500日圓

D店
900日圓

一口氣在全體之中做出比較，
新的資訊形式會改變人的行動。

寄送的即時資訊

庫存的即時資訊

個人資訊的收集

社群網站友人的最新資訊

既然只要在網路就能得知所
有價格，就不用前往店家了嘛

人會依據資訊來決定行動。
正因如此，當新的資訊型態誕生時，人們的行動就會產生大幅改變。

現代人的行為之所以產生大幅轉變，都是因為新的資訊型
態接連誕生。若是創造出全新形式的資訊，可以極大地改
變市場。

「壓倒性支配」背後的戰略

Strategy

30

GAFA

GAFA

最先看透
新世界價值的，
是GAFA四騎士！

構想者

史考特·蓋洛威（Scott Galloway）是紐約大學史登商學院教授。他以連續創業家的身分開設九間公司，亦曾歷任《紐約時報》（New York Times）與捷威（Gateway）電腦的董事。他也以大學教授的名聲享譽全球。

內容

《四騎士主宰的未來》一書全11章。開篇至第五章為止是在分析GAFA各公司，第六章至第八章則是點出GAFA的共同特徵，自第九章起則是預測GAFA之後的世界。

形成經過

《四騎士主宰的未來》（The Four: The Hidden DNA of Amazon, Apple, Facebook, and Google）作者蓋洛威多方分析並寫下充滿傳奇、在現代占有支配地位的四家企業（Google、Apple、Facebook、Amazon）全貌。另一方面，由於這四家企業的商務活動的支配力實在過於強大，本書也提出警訊，指出這些新的技術支配，存在著讓社會分裂為寡頭壟斷者與無力大眾的危險性。

煩惱

「GAFA四騎士」的支配力太強了……
為什麼這四家企業，能發揮壓倒性的支配力呢？

解答

這是因為GAFA在最佳的時間點，揭開
支配力學的神秘面紗與真正價值！

這個戰略的Point

① 不要代入通俗的成功法則

「造就Amazon繁盛的主因，就是我們呼喚本能的力量。另外一個理由，則是有著單純明快的故事。」、「賈伯斯這項從科技企業轉型為高級品牌企業的決策，是商業史上最重要且創造出新價值的深知灼見。」

② 應成為的不是革新者，而是「支配者」

「一個產業的先驅者，往往會遭受背後的冷箭襲擊。四騎士則是後發企業（中略）。他們從先驅者的殘骸中汲取資訊，從錯誤中學習，透過收購資產與奪取顧客來成長。」

③ 將GAFA推向成功的「八項基因」

「1.商品差異化」、「2.投資願景」、「3.放眼全球」、「4.高敏感度」、「5.垂直統合」、「6. AI」、「7.職涯鍍金」、「8.地利之便」這八點，便是成功的推手。

這個戰略的
POINT1

不要代入通俗的成功法則

擁有預想之外的成功因素的GAFA，
並不能用一般論來解釋。

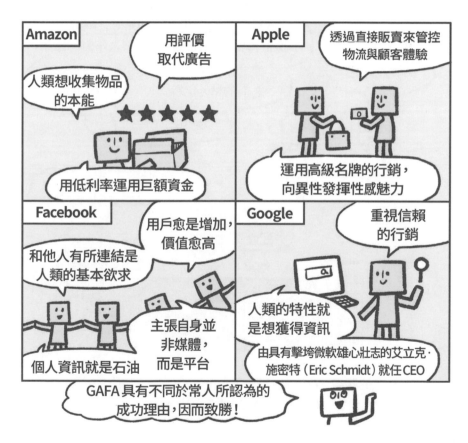

四騎士的成功在於它們具有任何人都預想不到的「成功理由」，開創出具有公司獨特性的價值。

應成為的不是革新者，
而是「支配者」

GAFA 並不是最初的革新者！？

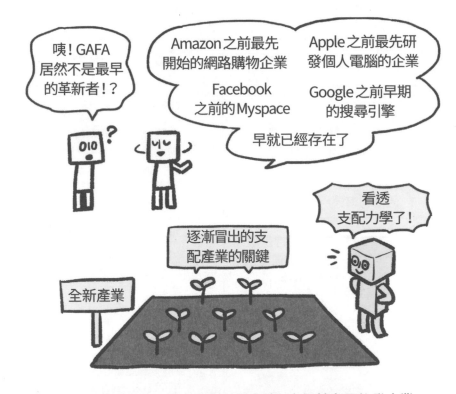

咦！GAFA
居然不是最早
的革新者！？

Amazon 之前最先
開始的網路購物企業

Facebook
之前的 Myspace

Apple 之前最先研
發個人電腦的企業

Google 之前早期
的搜尋引擎

早就已經存在了

看透
支配力學了！

逐漸冒出的支
配產業的關鍵

全新產業

巨大的贏家 GAFA 並非最初的革新者，它們其實是後發企業，
卻是最早看透「支配力學」的公司。

實踐 若要成功，並不需要變成革新者，而是洞悉開始有所動
靜、即將引發浪潮的萌芽跡象，比其他人更早看出其中的
支配力學。

將GAFA推向成功的「八項基因」

四騎士共同具備的「八項要素」。

GAFA霸權的八項基因

- ① 商品差異化
- ② 投資願景
- ③ 放眼全球
- ④ 高敏感度
- ⑤ 垂直統合
- ⑥ AI
- ⑦ 職涯鍍金
- ⑧ 地利之便

「⑧地利之便」是指超一流人才聚集的地方嗎？

沒錯。過去十年市值增加數百億美元的企業，就是開設在世界知名的科技大學和工業大學附近。

實踐

獲得龐大成功的企業，具有八項共同的基因。

Strategy

第 **8** 章

戰爭戰史

形形色色的「戰爭歷史」，

造就出名將與出色的謀略。

本章將關注那些在戰爭歷史之中

特別「經典的戰鬥」，

同時解說它們所使用的戰略。

現實的理想主義、積極吸收技術的集大成

彼得大帝

Pyotr Alekseevich I

> 親自前往現場並徹底吸收傑出的知識與技術！

構想者

彼得一世出生於1672年，是俄羅斯的首任皇帝。他持續和瑞典的卡爾12世（Karl XII）在大北方戰爭對決，並取得最終勝利。他對文化、技術抱持極為強烈的好奇心，成功地透過改革讓俄羅斯躋身歐洲強國。據說他的身高超過兩公尺。

形成經過

彼得一世於1682年即位時僅10歲，曾因異母姐姐那方人馬勢力的政變而一時失勢。他在被軟禁的大半時間，從外國軍人那裡獲得知識，十幾歲便開始和軍隊進行模擬戰鬥，提升軍事才能，並藉由旺盛的求知欲推動祖國改革。

內容

求知慾旺盛、積極吸收軍事、科學等知識的彼得大帝，經歷過姊姊引發的政變、最初的戰爭敗給瑞典神童卡爾十二世，在初期階段嘗到「屈辱與失敗」的滋味。正因如此，他才不會忽略「現實主義」。

煩惱

我國技術落後，陳規舊習未改。
要怎麼做才能戰勝敵國呢⋯⋯？

解答

捨棄舊習，並將軍事與技術等實際的工具更新至
最新狀態。接著，親自拔擢傑出人物，運用寬
廣的視野得到邁向勝利的要素！

這個戰略的Point

① 知道屈辱與敗北滋味的人，才能成為「真正的贏家」

戰爭時，他永遠會避開同時和兩個國家為敵的處境。相對地，被稱作神童、自18歲
起就成為戰爭指揮官的瑞典卡爾12世，則是因為自己能在戰爭勝出，就算敵國數量
增加也不以為意，後期便陷入困境，最後遭到暗殺。

② 洞悉新時代的「贏家條件」，抱持寬廣視野

戰勝北方強國瑞典的其中一項理由，就是彼得一世創設的海軍。他追求最新的造船
技術，組成大規模的視察團隊前往英國且親臨現場。此外，在和瑞典開戰之前，他
組成了對抗瑞典的同盟。

③ 領導者「異於常人的行動力」將引發大幅成長

自十多歲開始，他便在外國人居住的市街之中，向軍人學習國外最新的軍事學問，
並因外國的技術與職人展現的最尖端技能而大開眼界。他能擺脫姊姊的支配就是因
為這開闊的眼界。

這個戰略的
POINT 1

知道屈辱與敗北滋味的人，才能成為「真正的贏家」

嚐過屈辱或敗北的初體驗，
便能培養出以現實為導向的態度。

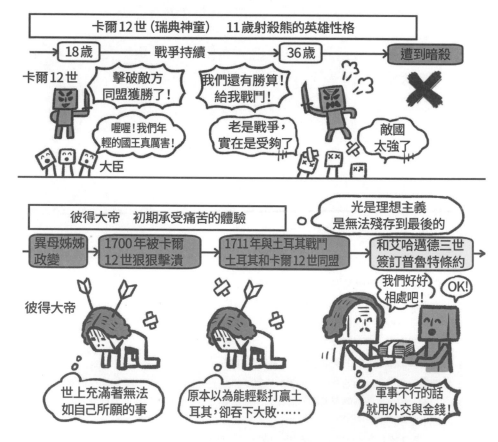

實踐

經歷過初期的失敗，才開始懂得從多個層面思考問題的應對
方式。相反地，一直成功的人，面對困境會意外的脆弱。

這個戰略的
POINT 2

洞悉新時代的「贏家條件」, 抱持寬廣視野

俯瞰勝利不可或缺的要素。

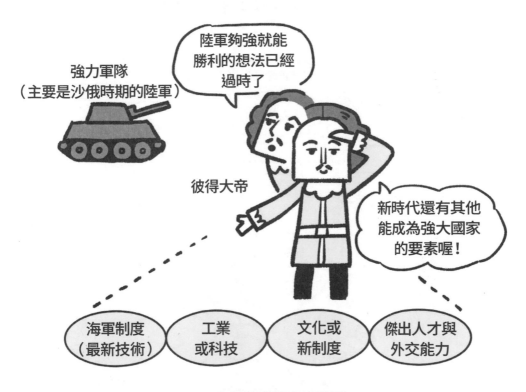

強力軍隊
（主要是沙俄時期的陸軍）

> 陸軍夠強就能勝利的想法已經過時了

彼得大帝

> 新時代還有其他能成為強大國家的要素喔！

| 海軍制度（最新技術） | 工業或科技 | 文化或新制度 | 傑出人才與外交能力 |

彼得大帝憑藉寬廣的視野,
吸收下一個時代需要的東西。

實踐

當下一個時代來臨時,成為贏家的條件就會有所不同。光有
強大陸軍並不足夠的俯瞰式思維,為俄羅斯帶來大幅成長。

領導者「異於常人的行動力」將引發大幅成長

舉凡軍事、科技或文化，只要有想學的事物，
就會率先親自前往現場。

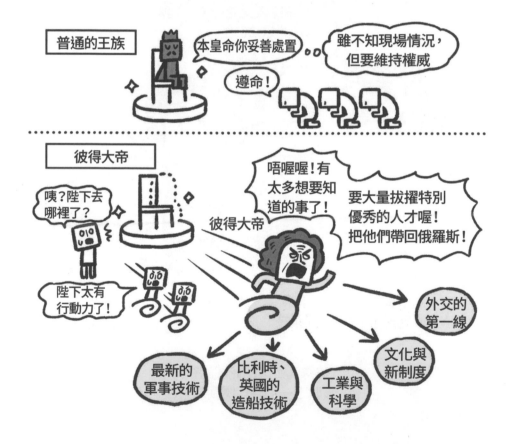

領導者不應坐在王座，要為了得知自己想知道的事親自前往第一線，用自己的雙眼與雙耳確認。這樣的積極性與行動力能夠實現革新。

在行動的同時誘使對方露出破綻，集中攻擊！

拿破崙・波拿巴

Napoleon Bonaparte

「膽小之策」
就是
「最糟的策略」！

構想者

拿破崙在1769年出生於科西嘉島（Corsica Island）。他的軍人生涯始於砲軍軍官，並在法國大革命和之後的戰爭大顯身手。於1804年成為法國皇帝。

內容

拿破崙留下的格言，皆闡述集中、奇襲、勇猛果敢的重要性。他的基本思想就是讓軍隊處於動態，使敵方露出破綻，並將全軍的力量集結於突破弱點。

形成經過

1789年法國大革命之後，由於法國推翻君王政體，使法國和周遭的君主制國家展開衝突。在受到舊有體制勢力包圍時，人民仍希望保住獨立自由，這也讓拿破崙這種具有扭轉局勢的軍事天才受到拔擢。

煩惱

我軍尚處弱小。

但敵方大軍已從四面八方湧來……

該如何應戰才好呢……？

解答

將「當事人意識」＊提升至極致，編制迅速且自律的軍事組織，讓他們齊頭並進地行動。

＊指對某件事抱有攸關自身利害的自覺。

這個戰略的Point

①「當事人意識」能打造最強軍團

和國王用錢僱來的傭兵不同，法國人是「為了自己祖國」而戰，具有決一死戰的覺悟與動機，因此能維持高昂的士氣。

② 能夠自律行動的軍團制度威力

透過國民徵兵制度組成大軍，並藉由能夠自律行動的軍團制度，孕育出能因應大範圍戰線、自由而有效的應變能力。

③ 總是處於動態，直擊敵方破綻

在著名的奧斯特利茨戰役（Battle of Austerlitz，1805年）中，面對在高地部署軍隊而占有優勢的敵方，刻意露出我方弱點誘敵，在敵軍展開行動的狀態下找出破綻攻擊，取得勝利。

「當事人意識」 能打造最強軍團

法國大革命是藉由提升全體國民的
「當事人意識」而獲勝。

國王在戰爭中
僱來的傭兵

沒有幹勁

法國國民
為了自由、平等與守護祖國而戰

充滿幹勁！

這個問題和自己沒有關係，
因此漠不關心。
雖然想要錢，
但是不想受傷。

這是切身相關的問題！
為了守護自由與平等而抱有
決一死戰的覺悟！竭力戰鬥！

實踐

參與的同伴究竟抱持多大程度的當事人意識，將左右團隊
的氣勢。若要將他人轉變為當事者，最重要的就是要提出
有效的理念。

能夠自律行動的
軍團制度威力

打造出大軍的「國民徵兵制度」與
軍團制度的機動性及自律性。

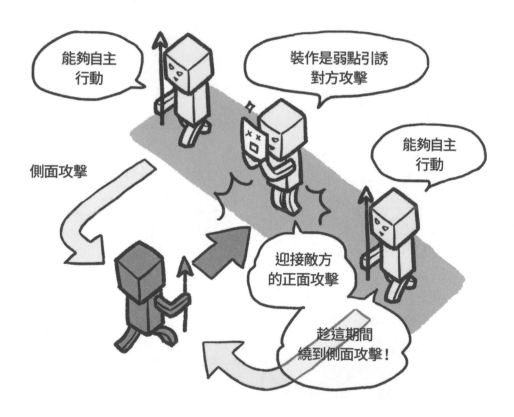

能夠自主
行動

裝作是弱點引誘
對方攻擊

能夠自主
行動

側面攻擊

迎接敵方
的正面攻擊

趁這期間
繞到側面攻擊！

實踐 當團隊規模大時，讓各單位都具備自律行動能力會比較強
悍。在建立組織時，應設法讓團隊能靠自行判斷來行動。

這個戰略的
POINT3

總是處於動態，
直擊敵方破綻

不應處於靜態，
而是應透過「動態」讓對手產生破綻。

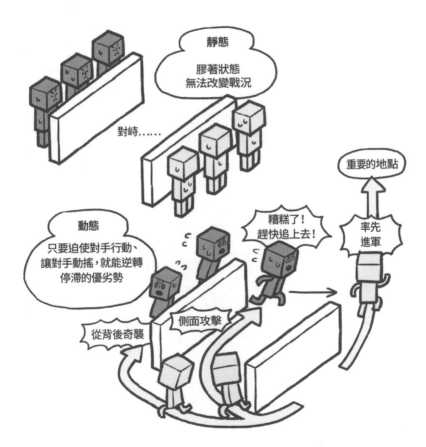

在敵人陷入混亂且手足無措的同時，我軍能自由行動並直接敵方「弱點」。

33

癱瘓對手的強項並獲得單方面的優勢

卡爾・馮・克勞塞維茨

Carl von Clausewitz

> 所謂的天才，
> 就是「最出色的
> 法則本身」。

構想者

卡爾・馮・克勞塞維茨在1780年出生於普魯士王國。身為軍人的他，在1806年和法國的戰爭中成為俘虜，其後開始研究擊潰法國拿破崙的軍事戰略。《戰爭論》（Vom Kriege）一書則是在他逝世之後，由妻子彙整原稿而成的書籍。

形成經過

於1806年戰敗的普魯士王國，失去了大半國土。為了奪回法國占領的祖國，克勞塞維茨等軍團徹底研究拿破崙的戰略，並構築出擊潰他的策略。

內容

《戰爭論》一書由全八部的內容組成。本書詳細考究戰鬥中的力學，特別著重敵我雙方的相互作用究竟會造成什麼樣的行動，讓人感受到他試圖破壞拿破崙開創出戰場革新的意圖。

我們
也是粉絲

蘇聯最高領袖
列寧

中國共產黨
中央委員會首任主席
毛澤東

煩惱

當對手具有獨特的優點與獨有的強項，
造就出非常強烈的氣勢時，
究竟要如何對抗呢……？

解答

若敵方是少數精銳軍團，就該用能癱瘓對手強項的
大軍包圍。另外，不要在對手擅長的地方或強
項決戰；碰到那種場面時不宜久戰，而是該速
速撤離。

這個戰略的Point

① 用「數量」包圍強勁敵人再擊潰

為了戰勝機動力出色的拿破崙，他著重於讓一個部隊深入前線，避免分別遭到擊破
的情形發生，藉此將敵方逼至絕境。

② 破壞「對手的抵抗力」

「若要擊潰敵人，就必須先得知敵方的抵抗力，並斟酌我方該發揮多少力量。敵方
的抵抗力和兩項因素脫不了關係，第一項是各種既有手段的程度大小，第二項則是
意志力的強弱。」

③ 規劃讓對手無法發揮強項的布局

拿破崙是具有明確強項的軍事領導者。反敗為勝不可或缺的條件是做出讓他無法發
揮其擅長戰鬥方式的布局。

用「數量」包圍強勁敵人再擊潰

個別戰鬥的話必定會敗給強者。
要使用「總體包圍網」。

避開個別的一對一決戰，進而取勝

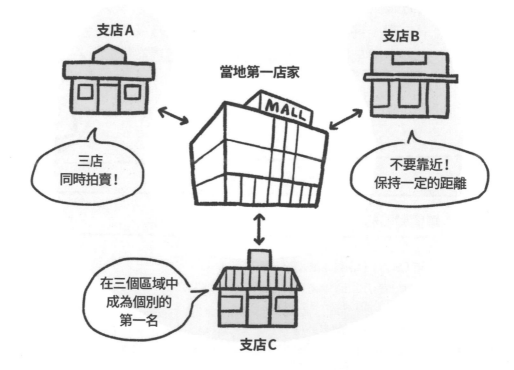

支店A

當地第一店家

支店B

MALL

三店
同時拍賣！

不要靠近！
保持一定的距離

在三個區域中
成為個別的
第一名

支店C

實踐

不可以隻身一人和強大的對手碰撞。若是能用足以包圍對手的兵力（數量）的話，再活用組織的力量便能輕易取勝。

破壞「對手的抵抗力」

與其在意對方的攻擊方式，
不如著眼於防禦手段來制訂戰略。

敵方出石頭對抗
↓
自己選擇出布

敵方出剪刀對抗
↓
自己選擇出石頭

敵方出布對抗
↓
自己選擇出剪刀

透過屈服對方意志來取得最終勝利

實在是贏不了！只好放棄……

先觀看對方的防禦法，再決定我方的攻擊方式。更高明的
手段是能在戰鬥之前就設法讓對方失去戰意。

實踐

規劃讓對手
無法發揮強項的布局

讓對手無法用強項決戰,進而取勝。

大企業的強項①
行銷力

大企業的強項②
資金力

出類拔萃的技術力
專門技能

保守的大企業

新創企業的
強項

業務力

贏了!

不會用技術
決勝

大企業的強項③

若自家公司是大企業,則應避免像新創企業一樣用技術決勝,
而是應用其他要素抗衡。

實踐

**若是對手擁有遠遠超越自己的強項,就要設法讓對方認為
其他要素更重要,使競爭關鍵從對手強項中刪除。**

Strategy
34

運用實績拔擢人才，孕育出無可撼動的實踐力
南北戰爭
American Civil War

別把戰爭
全託付給視野
狹隘的軍人！

構想者

亞伯拉罕·林肯（Abraham Lincoln）在1809年出生於美國。他曾擔任律師、參議院議員，於1861年成為美利堅合眾國總統。負責指揮就任一個月後爆發的南北戰爭（美國內戰），四年後取得勝利，不久便遭到暗殺。

內容

首先，林肯積極引進電報這項新技術。另外，他不僅著重於戰爭，還策劃了政治、經濟等綜合面向的抗爭。最後，他透過注重實績、執行能力選才，接連開除戰敗的將軍，挖掘優秀的人才並將戰爭指揮權託付給他們。

形成經過

林肯在1861年3月成為美國第16任總統，內戰則是在翌月4月12日開始。林肯負責指揮北軍，但由於他是沒有實績的新任總統，軍方當時也輕視指揮，使得北軍在占有優勢的第一次牛奔河之役（同年7月）吞下敗仗。這次經驗讓林肯開始將全新的視點帶入戰爭之中。

解答

不要將口碑或頭銜當作判斷依據，而是不斷地將做
出實績的人拔擢為領導者。另一方面，透過不須仰
賴現場執行的宏觀架構，持續做出因應對策，進而
打造出促使「勝利」與「實行」的循環！

這個戰略的Point

① 將小小的失敗，當成獲取嶄新想法的機會

透過電報技術得到民間的力量，透過政治性的宣傳孤立南方。

② 不要只依賴現場，也要整頓周邊條件以營造有利環境

在第一時間封鎖海路，對南方經濟造成重大打擊，同時在西部地區也展開戰鬥。

③ 毫不遲疑地立即汰換「派不上用場的人」

因林肯無帶兵經驗而抗命的將軍，全都陸續遭到裁撤。相反地，達成功績的年輕軍
官則被拔擢為指揮官，屢戰屢勝。

將小小的失敗，當成獲取嶄新想法的機會

懷疑最初的失敗體驗
是基於過時方法惹的禍。

第一次牛奔河之役（1861年7月）

維吉尼亞州 v.s. 首都華盛頓

只要交給我軍的將軍，大概
就能照這個情況贏下去了吧。

南軍擊退襲兵！

南軍的戴維斯
（Jefferson Davis）

南方總統
年輕時就是軍人

北軍的林肯

原本明明處於優勢卻輸了！
不能把戰爭全交給思想
過時的軍人……

- 運用海軍封鎖海路　● 廢除奴隸制度宣言
- 透過演說獲得民心　● 大幅更換任命的將軍
- 在民間活用電報技術

這些主意都是從失敗中誕生的！

實踐

能夠從失敗的經驗開始起步，對具有學習能力的人而言是
件幸運的事。一開始便取得成功的人，會因看輕事態發展
而走向衰亡。

不要只依賴現場，也要整頓周邊條件以營造有利環境

不單依賴第一線的視點，
而是齊頭並進實行俯瞰式的對策。

北軍
林肯總統

透過廢除奴隸宣言讓歐洲的輿論傾向我方

訓勉激勵戰場第一線的部隊

透過海路封鎖打擊南方經濟

不斷地親自演說，獲得北方民心

除了東部以外，也在美國西部開創戰局，從多方面追擊南軍

不只對戰場下達詳細指示，亦同時並進地對更宏觀的格局做出因應！

第一線部隊的奮戰

南軍
戴維斯總統

就算一時在戰場取勝，也無法扭轉劣勢！

只依賴第一線的想法……

實踐

林肯不僅注重戰場，還顧及國際輿論、對一般市民演說，從多方面進行滴水不漏的對策。

毫不遲疑地立即汰換「派不上用場的人」

首先讓人實行，
再陸續開除戰敗的將軍。

就算受歡迎或風評好，提交不出成果的將軍都要解僱！

給予指揮權並挖掘才能

不立即行動的將軍

敗戰將軍

不勇敢戰鬥的將軍

能立即行動的人才

年輕有為的人才

具有積極性的人才

指揮權

派特遜將軍
麥克萊倫將軍

剝奪

拔擢

米德將軍
格蘭特將軍

一旦偷懶
就會被開除！

總統先生！
我一定會不負期待！！

實踐

看重「實績」勝於一切，在嘗試後無法提交成果的人都會遭到汰換，這讓林肯成功拔擢能讓眾人心悅誠服、具有實踐能力的年輕人才。

口頭禪是「開除！」的總統

第16任美國總統亞伯拉罕‧林肯

在南北戰爭的勝利可歸功於卓越的領導力與——

WINNER!

你被開除了!!

震驚

毫不留情地開除無能將軍的果斷。

第45任美國總統唐納‧川普（Donald Trump）

HAHAHA

に

望向現代。

在仍是企業經營者時，他在演出的電視節目中有這樣的知名台詞。

林肯留下了「偉大總統」的芳名

以後交給你了

瞭！

另一方面，川普究竟會成為「名君」或「暴君」，就是由接下來的歷史來決定的。

You are Fired!
你被開除了！

造成讓對手無法反擊的狀態，
在預期不到的地方決勝！

李德哈特戰略論

Strategy by B.H.Liddell-Hart

構想者

李德哈特（B. H. Liddell Hart）
在1895年出生於英國。他
攻讀歷史學，志願成為陸
軍，第一次世界大戰時在
法國西部戰線的戰鬥中負
傷。其後成為軍事研究家，
於1954年出版《戰略論：
間接路線》（*Strategy: The
Indirect Approach*）。

內容

《戰略論》一書全四部。本
書分析從古希臘時代至現
代游擊戰的內容，強調間
接路線的有效性。書中分
析希特勒勢如破竹進攻與
慘敗的第三部，說明德軍
沉醉於勝利的喜悅，將重
心轉向直接攻擊，正是導
致敗北的原因。

針對敵人弱點
「集中力量」，
正是戰爭的原則！

形成經過

在第一次世界大戰中，經
常會直接攻擊敵方要塞或
壕溝。但李德哈特從自身
經驗切身體認到朝敵方準
備充裕的地方進行攻擊，
實在是百害而無一利。這
些經驗也造就「間接路線」
的思想。

煩惱

若是和對手進行正面的硬碰硬對決，只會徒然損耗……
該怎麼做才能在不損耗力量的情形下獲勝呢？

解答

避免朝敵方準備充裕的正面進行攻擊，而是攻擊準
備疏密的地方，或是採用能間接讓對方失去力
量的方法。別讓對方察覺我方真正的目的，試
著分散對方的兵力吧！

這個戰略的Point

① 勝負取決於戰鬥前的心理戰

「要如何在戰爭開始之前瓦解敵方精神，正是我倍感興趣的問題。任何經歷過第一
線戰爭的人，都會希望迴避所有能避開的流血衝突。」

② 盡可能地奪取敵方的抵抗力

「戰略真正的目的，是要減少敵方抵抗的可能性。」

③ 不要直接打，而要削減對方力量

「比起試圖透過激烈的戰鬥殲滅敵方，讓敵方解除武裝是更為有效的手段（中略），
戰略家不該從殺戮敵方的觀點來思考，而是應思考要如何癱瘓敵人。」

勝負取決於戰鬥前的心理戰

戰爭開始前就致力準備
瓦解敵方精神。

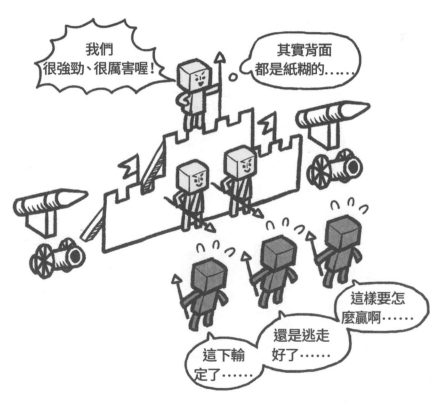

戰爭開始前就致力準備瓦解敵方精神。

只要成功地在戰鬥之前挫敗敵方心智，就能為戰鬥開端帶來優勢。

實踐

盡可能地
奪取敵方的抵抗力

戰略真正的目的，
在於減少敵方抵抗的可能性。

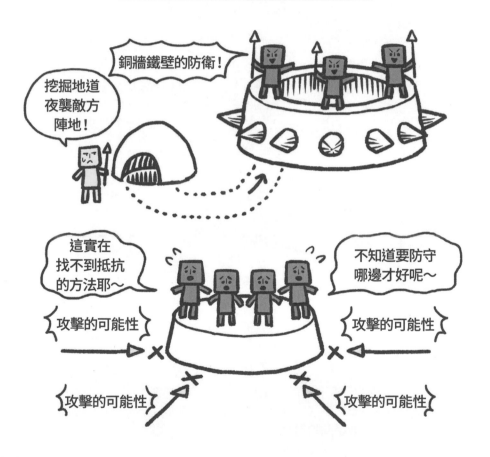

銅牆鐵壁的防衛！

挖掘地道
夜襲敵方
陣地！

這實在
找不到抵抗
的方法耶～

不知道要防守
哪邊才好呢～

攻擊的可能性

攻擊的可能性

攻擊的可能性

攻擊的可能性

實踐 奪取敵方抵抗力、堵住敵方退路，就能降低對方成員的士氣，使整體的戰力下滑。

不要直接打，
而要削減對方力量

與其要在激烈的戰鬥中勝出，
不如將目標設為癱瘓敵方。

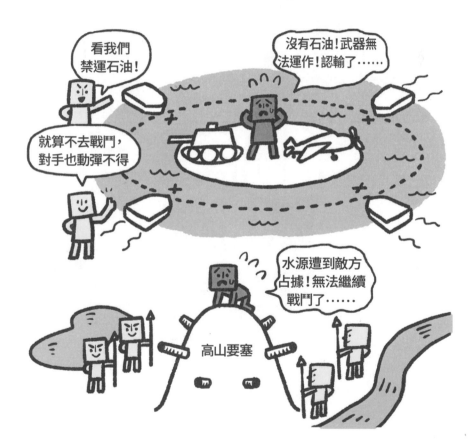

與其從正面直接衝撞，不如透過讓對手行動遲緩的手段，
漸漸削減對方的力量。

36

迅速採納活用嶄新技術與知識的日本戰略力

日俄戰爭

Russo-Japanese War

運用汲取國外突出知識與技術而成的戰略力，進而戰勝大國！

構想者

山縣有朋、大山巖、山本權兵衛、兒玉源太郎、東鄉平八郎等人，是分別由戊辰戰爭之中的薩長同盟成員以及明治時期接受軍人菁英教育的人所組成的混合團隊。

形成經過

自1904年2月至1905年5月的這段期間，日本與俄羅斯展開了戰爭（日俄戰爭）。戰爭涵蓋陸戰與海戰，此時正值日英同盟，日本也間接從英國得到協助，在日本海展開的海戰之中獲得戲劇性的勝利。

內容

當時俄羅斯已經成為大國，軍備超過日本的數倍，是兵力超過日本15倍的對手。但日本貫徹現實主義，能夠客觀審視自己，因此才能獲得勝利。另一方面，這個時期象徵大本營的「中央集權」，其中也隱含著導致之後嚴重敗北的特徵。

煩惱

要怎麼做，才能勝過國力與兵力皆高過自己數倍的大國呢？

解答

反敗為勝的關鍵是汲取外界他人的優點，幹練
地運用這些力量！

這個戰略的Point

① 讓優秀的年輕人才吸收海外知識

東鄉平八郎、秋山兄弟與陸軍的諸多人才皆前往歐洲與全球鑽研。這也使得嶄新知識體系得以萌芽，並將這些思維融入作戰計畫之中。

② 將「理論」與「實踐」的人才搭配得恰到好處

由於明治政府過去是顛覆江戶幕府的革命軍，因此有著排除紙上談兵、注重實戰的氣概。他們活用沒有學歷的歷戰猛將，組成現場第一主義的團隊，看清現實而迎向全盤勝利。

③ 讓過去的敵人成為我軍力量的靈活用人體制

他們名符其實地重用全日本的人才，發揮依照實力拔擢人才的效果。相對地，由於山縣有朋表示「沒有長州人實在教人感慨」，使得乃木將軍走向第一線，結果造成大量死傷的案例，突顯出依照派系來調動人事所造成的弊害。

讓優秀的年輕人才
吸收海外知識

派遣優秀人才，讓優秀人才
在不同的知識體系環境中汲取新知。

讓優秀人才跳進全新的知識體系，
點燃了日軍革新的火種。

讓最優秀的人才跳進異於日本的知識體系（國外），求知
若渴地汲取知識，使日本整體的軍事知識大幅更新。

將「理論」與「實踐」的人才搭配得恰到好處

讓經過實戰歷練的猛將與
具有縝密理論的天才互相配合的效果。

極致的現實主義與沙場老將的決策能力

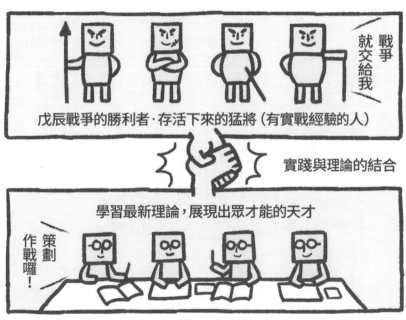

戰爭就交給我

戊辰戰爭的勝利者·存活下來的猛將（有實戰經驗的人）

實踐與理論的結合

學習最新理論，展現出眾才能的天才

作戰囉！ 策劃

在許多情況之中，只會紙上談兵的天才
都無法獨自在嚴苛又風雲莫測的戰場派上用場。

從江戶到明治期間的日本內戰，造就出經歷接連戰事而擁
有豐富實戰經驗的將軍，再打造他們和擁有最新知識的年
輕理論天才聯手的團隊。

實踐

讓過去的敵人成為我軍力量的靈活用人體制

不問派系、實力第一主義的
用人以實力為優先，形成莫大威力。

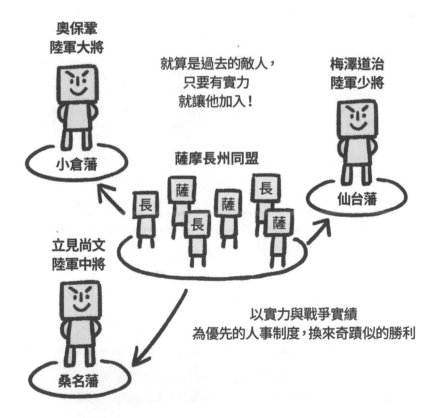

奧保鞏
陸軍大將

就算是過去的敵人，
只要有實力
就讓他加入！

梅澤道治
陸軍少將

小倉藩

薩摩長州同盟

長 薩 長 長 薩 薩

仙台藩

立見尚文
陸軍中將

以實力與戰爭實績
為優先的人事制度，換來奇蹟似的勝利

桑名藩

實踐

有所偏袒的用人或團隊，無法造就最強的戰力。願意拔擢
曾打敗自己的人才的器量，為明治政府帶來勝利。

分享通往目的地的過程，
在中日戰爭贏得勝利的領導者戰略力

毛澤東
Mao Zedong

只要活用
自律型分散組織，
就能運用局部的
優勢獲勝！

構想者

毛澤東生於1893年。他
是中國共產黨建黨者之
一，中日戰爭時在政治、
軍事領導上扮演活躍角
色。他年輕時曾短暫擔任
歷史教師。第二次世界大
戰之後直至逝世，都是中
國的最高領導者。

內容

《游擊戰》一書文章簡
潔，比其他戰略書籍篇幅
少，全九章。書中前半說
明游擊戰的意義，中間述
說具體戰鬥方法、防禦與
進攻，終章則是說明游擊
戰之中特殊的指揮系統相
關事項。

形成經過

毛澤東留下了《游擊戰》、
《論持久戰》等著作。《游
擊戰》針對游擊戰的要點
進行解說，其內容傳播廣
至中國全域，針對進攻中
國的日本軍提出對抗策
略，進而發揮作用。

煩惱

相較於對手是少數精銳部隊，我軍人數眾多但脆弱……
希望能在這種狀態下勝利！

解答

①明確描繪並宣傳通往最終勝利的途徑、②讓分散的小型部隊自主行動，自各地朝著敵方的一點進攻，將對方逼向弱勢！

這個戰略的Point

① 分享通往勝利的路線圖

「（日軍）不可能毫無限制地併吞整個中國。有朝一日，日本必定會完全受制於中國。」

② 培育能自主判斷戰鬥的游擊部隊

「若採用常規的戰爭指揮方式進行游擊戰，游擊戰所具備的高度靈敏性必然會受到拘束，使游擊戰失去所有生命力吧。」

③ 中國式的高等戰略就是「在逃走的同時攻擊」

「若是無法直接或間接對進攻提供助益，戰術上的防禦手段就毫無意義可言。」、「單純的防禦或撤退，只是發揮一時性、部分性的自保作用，對於消滅敵人是完全派不上用場的。」

分享抵達勝利的
發展路線圖

將通往最終勝利的途徑具體化，
並使其廣為人知。

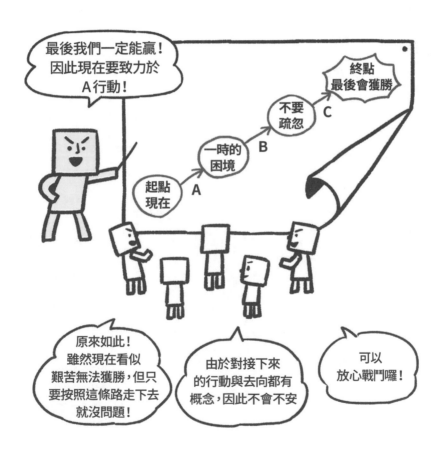

將今後的途徑具體化，有助於俯瞰現在這個瞬間。若是只看到現在的困境，很容易會讓人灰心喪志。

培育能自主判斷戰鬥的游擊部隊

透過自律分散型組織，
開創局部性的優勢。

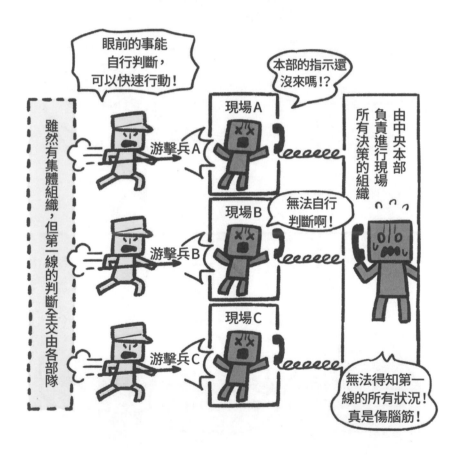

眼前的事能
自行判斷，
可以快速行動！

本部的指示還
沒來嗎!?

現場A

游擊兵A

現場B

無法自行
判斷啊！

游擊兵B

現場C

游擊兵C

雖然有集體組織，但第一線的判斷全交由各部隊

由中央本部
負責進行現場
所有決策的組織

無法得知第一
線的所有狀況！
真是傷腦筋！

實踐 毛澤東打造出游擊部隊這種自主性組織。站在最前線的小部隊能依照自身判斷戰鬥，在機動力與應對能力勝過日軍。

這個戰略的
POINT 3

中國式的高等戰略就是
「在逃走的同時攻擊」

不可以一味防禦或單純逃跑。
應在逃走的同時創造攻擊敵方的元素。

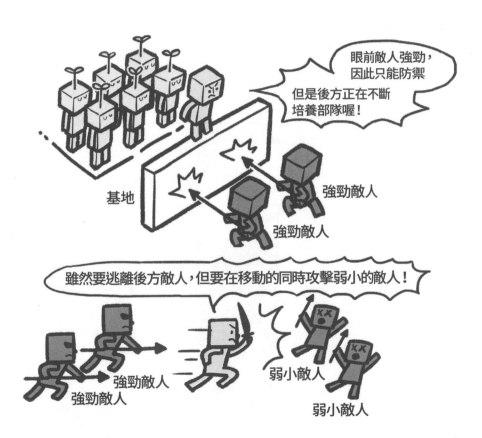

眼前敵人強勁，
因此只能防禦

但是後方正在不斷
培養部隊喔！

基地

強勁敵人

強勁敵人

雖然要逃離後方敵人，但要在移動的同時攻擊弱小的敵人！

強勁敵人

強勁敵人

弱小敵人

弱小敵人

實踐

在避免和強勁敵人發生正面衝突而逃走的同時，也要持續
撒下勝利的種子。能夠在逃跑的同時還能戰鬥的人，將會
成為最後的贏家。

運用扁平化組織，
成功反擊美國壓倒性軍力的戰略

越南戰爭
Vietnam War

> 只要每個人都
> 具備勇氣與知性，
> 就能讓我軍
> 變得更強！

構想者

在越戰指揮解放陣線陣營的武元甲出生於1911年，曾任歷史教師。他持續對法國、日本、美國的殖民地支配做出抵抗，在越南被視為「救國英雄」。

形成經過

武元甲在1944年以區區34人建立軍事機構。美軍在全盛期擁有54萬人，彈藥總數有1200萬噸。以稀少人數起步的越南解放陣線，僅採用能隨著戰鬥而不斷擴張的戰略，重視游擊戰以及讓民眾參與獨立戰爭的巧妙宣傳活動。

內容

解放陣線為了拉攏民眾，向各個村落宣傳敵人是誰、自己是為何而戰、未來會演變成什麼模樣。而經過學習的士兵，在此之後會成為教官，藉此方式讓組織持續增長。扁平式的組織環境孕育出各種能應用於游擊戰的巧思主意，讓他們成為神出鬼沒的強悍軍隊。

煩惱

當軍事力的差距懸殊，好比大象和螞蟻時，
螞蟻要如何獲勝呢……？

解答

要讓每個人產生「為了什麼、為了誰而戰鬥」
的自覺。為了達到這個目的，應該貫徹組織扁
平化，展開討論，讓士兵發揮「具有智慧的勇
氣」！

這個戰略的Point

① 透過組織扁平化，打造能平等交換意見的環境

「游擊隊沒有隊長或部下的區別，由大家針對作戰進行平等的議論，只要有一人無
法接受就會花費數小時討論。這點就是太平洋戰爭時日本與越南的差異。」

② 能在無限繁殖的同時，進行自我教育的組織

將第一線的最小單位設為三人，由三個三人組再加上一名領導者，就是合計十人的
分隊。而在實戰中有所學習的人，則再重新組成新的三人組，反覆著一面學習、一
面分裂與繁殖的過程。

③ 利用「簡單易懂的故事」拉攏民眾

（在貧困村莊進行的寓言式演說）「一群沒有土地的窮人希望獲得自由，卻苦於沒
有武器，另一方面，一群富有且持有武器的外國人不允許這件事情（窮人獲得自由）
發生。外國人給他們的魁儡粗製濫造的武器，並付他們薪水，但那些魁儡並不打算
戰鬥，讓外國人不得不親臨戰線。貧困的民眾勇敢地奪走外國人的武器，試圖藉此
對抗外國人與他們的魁儡，可想而知許多外國人與僕役都必須用生命付出慘痛代
價。」

透過組織扁平化，
打造能平等交換意見的環境

戰勝美國的越南解放陣線，和舊日軍的差別在於，
他們在戰爭現場實現了平等。

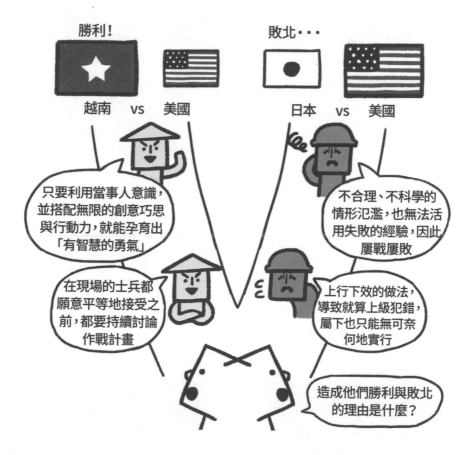

勝利！　　　　　　　敗北・・・

越南　VS　美國　　　　　日本　VS　美國

只要利用當事人意識，
並搭配無限的創意巧思
與行動力，就能孕育出
「有智慧的勇氣」

不合理、不科學的
情形氾濫，也無法活
用失敗的經驗，因此
屢戰屢敗

在現場的士兵都
願意平等地接受之
前，都要持續討論
作戰計畫

上行下效的做法，
導致就算上級犯錯，
屬下也只能無可奈
何地實行

造成他們勝利與敗北
的理由是什麼？

實踐　越南兵具有「有智慧的勇氣」的共同默契，因此勇於和長官進行討論，由全體士兵共同策劃作戰。這讓他們不會一股腦地盲目衝刺，而是有效戰鬥。

這個戰略的
POINT2

能在無限繁殖的同時，進行自我教育的組織

能在學習的同時反覆進行分裂與繁殖的解放軍，
讓部隊不斷進化。

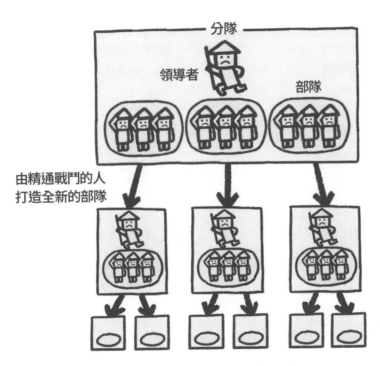

在進行平等討論的同時，
讓精通戰鬥的人成為下一個領導者，藉此讓組織持續繁殖。

實踐

在小隊之中精通戰鬥方式的人，將成為下一個組成小隊的
領導者。如此造就出能夠產生無限支幹，並在同一時間持
續學習的組織。

利用「簡單易懂的故事」拉攏民眾

不要賣弄艱難的理論，
而是用任何人都能理解的方式傳達故事全貌。

崇高的話語
艱難的理論

輸家

聽不太懂耶

這跟我
有什麼關係嗎？

像寓言一般清楚明瞭地
傳達故事全貌

贏家

這邊的說法
比較好懂，而且能
夠打動人心！

這和我的
未來息息相關！

實踐 比起難懂的理論，能夠引發共鳴的故事或戲劇，更能得到
廣大民眾的心。應設法讓重要的資訊傳達給底層民眾。

■參考·引用文獻一覽

第1章 古代、中世紀、近代的戰爭戰略

1 《孫子兵法》，孫武 著

3 Julius Caesar, *Commentarii de Bello Gallico*、Adrian Goldsworthy, *Caesar: Life of a Colossus*

4 《歷史群像 シリーズ26 チンギス・ハーン 下巻 狼たちとの戦いと元朝の成立》、J. McIver Weatherford, *Genghis Khan and the Making of the Modern World*

5 Niccolo Machiavelli , *The Prince*

第2章 競爭戰略

6 Michael E. Porter , *On Competition, Updated and Expanded Edition*、「ポーター vs バーニー論争のその後を考える」 岡田正大（Harvard Business Review, October, 2013.）

7 Jay Barney, *Gaining and Sustaining Competitive Advantage*

8 Jim Collins , *Built to Last : Successful Habits of Visionary Companies*

9 《放膽做決策：一個經理人1000天的策略物語》，三枝匡 著、蕭秋梅 黃雅慧 譯

第3章 避開競爭的競爭戰略

10 《ランチェスター戦略入門》，田岡信夫 著

11 W. Chan Kim, Renee Mauborgne , *Blue Ocean Strategy, Expanded Edition: How to Create Uncontested Market Space and Make the Competition Irrelevant*

12 Fred Crawford, Ryan Mathews, *The Myth of Excellence: Why Great Companies Never Try to Be the Best at Everything*

13 《競争しない競争戦略》，山田英夫 著

第4章 產業結構的戰略

14 《追求超脫規模的經營：大野耐一談豐田生產方式》，大野耐一 著、吳廣洋 譯

15 Don Tapscott, Alex Tapdcott , *Blockchain Revolution: How the Technology Behind Bitcoin is Changing Money, Business, and the World*

16 《馬化騰的騰訊帝國》，林軍 著、張宇宙 譯

17 《アマゾン、ニトリ、ZARA……すごい物流戦略》，角井亮一 著

18 Brad Stone, *The Everything Store: Jeff Bezos and the Age of Amazon*

經典戰略

好想法28

圖解3000年經典戰略

38篇智慧結晶，人生規劃術×職場競爭力一次掌握

3000年の叡智を学べる戦略図鑑

作　　者：鈴木博毅
繪　　者：たきれい（Taki Rei）
譯　　者：李其融
審　　稿：林佳慧
責任編輯：游函蓉
校　　對：游函蓉、林佳慧
封面設計：萬勝安
內頁排版：洪偉傑
行銷公關：石欣平
寶鼎行銷顧問：劉邦寧

發 行 人：洪祺祥
副總經理：洪偉傑
副總編輯：林佳慧
法律顧問：建大法律事務所
財務顧問：高威會計師事務所
出　　版：日月文化出版股份有限公司
製　　作：寶鼎出版
地　　址：台北市信義路三段151號8樓
電　　話：(02) 2708-5509　　傳真：(02) 2708-6157
客服信箱：service@heliopolis.com.tw
網　　址：www.heliopolis.com.tw
郵撥帳號：19716071 日月文化出版股份有限公司

總 經 銷：聯合發行股份有限公司
電　　話：(02) 2917-8022　　傳真：(02) 2915-7212
製版印刷：禾耕彩色印刷事業股份有限公司
初　　版：2020年10月
定　　價：350元
Ｉ Ｓ Ｂ Ｎ：978-986-248-913-0

©3000NEN NO EICHI WO MANABERU SENRYAKUZUKAN
by Hiroki Suzuki
Copyright © 2019 Hiroki Suzuki
Original Japanese edition published by KANKI PUBLISHING INC.
All rights reserved
Chinese (in Complicated character only) translation rights arranged with KANKI PUBLISHING INC. through Bardon-Chinese
Media Agency, Taipei.

國家圖書館出版品預行編目（CIP）資料

圖解3000年經典戰略：38篇智慧結晶，人生規劃
術×職場競爭力一次掌握／鈴木博毅著；たきれ
い繪；李其融譯. -- 初版. -- 臺北市：日月文化，
2020.10
256面；17×23公分. --（好想法；28）
譯自：3000年の叡智を学べる戦略図鑑

ISBN 978-986-248-913-0（平裝）

1.商業管理　2.策略規劃

494.1　　　　　　　　　　　　　　109011853

日月文化集團
HELIOPOLIS
CULTURE GROUP

客服專線 02-2708-5509
客服傳真 02-2708-6157
客服信箱 service@heliopolis.com.tw

日月文化集團 讀者服務部 收

10658 台北市信義路三段151號8樓

對折黏貼後，即可直接郵寄

日月文化網址：**www.heliopolis.com.tw**

最新消息、活動，請參考 FB 粉絲團

大量訂購，另有折扣優惠，請洽客服中心（詳見本頁上方所示連絡方式）。

大好書屋

寶鼎出版

山岳文化

EZ TALK

EZ Japan

EZ Korea

大好書屋・寶鼎出版・山岳文化・洪圖出版　EZ 叢書館　EZ Korea　EZ TALK　EZ Japan

圖解3000年經典戰略

感謝您購買 _____ 38篇智慧結晶，人生規劃術 × 職場競爭力一次掌握

為提供完整服務與快速資訊，請詳細填寫以下資料，傳真至02-2708-6157或免貼郵票寄回，我們將不定期提供您最新資訊及最新優惠。

1. 姓名：_____ 　性別：□男　　□女

2. 生日：_____年_____月_____日　職業：_____

3. 電話：（請務必填寫一種聯絡方式）

　（日）_____　（夜）_____　（手機）_____

4. 地址：□□□ _____

5. 電子信箱：_____

6. 您從何處購買此書？□_____縣/市_____書店/量販超商
　　□_____網路書店　□書展　□郵購　□其他

7. 您何時購買此書？　年　　月　　日

8. 您購買此書的原因：（可複選）
　□對書的主題有興趣　□作者　□出版社　□工作所需　□生活所需
　□資訊豐富　　□價格合理（若不合理，您覺得合理價格應為_____）
　□封面/版面編排　□其他_____

9. 您從何處得知這本書的消息：　□書店　□網路／電子報　□量販超商　□報紙
　□雜誌　□廣播　□電視　□他人推薦　□其他

10. 您對本書的評價：（1.非常滿意 2.滿意 3.普通 4.不滿意 5.非常不滿意）
　書名_____內容_____封面設計_____版面編排_____文/譯筆_____

11. 您通常以何種方式購書？□書店　□網路　□傳真訂購　□郵政劃撥　□其他

12. 您最喜歡在何處買書？
　□_____縣/市_____書店/量販超商　　□網路書店

13. 您希望我們未來出版何種主題的書？_____

14. 您認為本書還須改進的地方？提供我們的建議？

_____

_____

_____

_____

好想法 相信知識的力量

the power of knowledge

實鼎出版

好想法 相信知識的力量
the power of knowledge

寶鼎出版